麥肯錫

新人邏輯思考課

3 大思考步驟，鍛鍊出一生受用、
解決問題能力超強的思考訓練課

大嶋祥譽————著　張智淵————譯

進入課程之前

首先，我想說一件個人的事：其實我並不是非常喜歡「邏輯思考」的人。我算是比較重視「直覺」、會說「感覺很棒」，那種以感覺為優先的人。

既然如此，我為何要在麥肯錫顧問公司、這個世人公認是邏輯思考權威的地方學習？還擔任顧問、從事企業高階主管教練這種和「邏輯思考」密不可分的工作呢？

連我自己也感到匪夷所思，想來應該是**在麥肯錫體驗到的「邏輯思考」非常創新**——那種總是試圖創造「自己的答案」、「獨樹一格的見解」的態度，令人聯想到充滿創新氣氛的場域。

如同「歸零發想」這幾個字的字義，麥肯錫式的邏輯思考是：雖然過去的經驗和見解值得參考，但有時候需要不被它們限制住，而是單純產生能「理所當然」地吸引眾人、有價值的意見，讓眾人不禁脫口說出「那個意見很好」。

我在麥肯錫體驗過的「邏輯思考」，目的是為了幫助員工發想出自己才做得到的創新發想或是工作內容。

正因為我一進入社會，就受過這種基礎訓練，使得像我這種往往憑感覺的人，也願意、並且學會了「邏輯思考」。

這是由於將「邏輯思考」做為武器，思緒就會變得非常清晰，產生創新發想，令眾人對你說「這個意見很好」，贊同你的想法。

各位覺得如何？或許有人覺得「邏輯思考」只是一種思考工具，或者沒來由地覺得它生硬死板，教人頭痛不已。

恐怕還有人這麼覺得：接下來作者將要「有條不紊地說明」艱澀的內容了吧。

甚至有人會想，就算作者說的都對，但是自己還是既陌生又無感。

任誰都不想讀到這種內容，對吧？

我想透過本書傳達的，正好和以上相反，我想要分享的是，如何運用邏輯思考與行動，提升各位的價值與吸引力。

真正的「邏輯思考」，是會讓對方心想：「這人的意見真有趣！怎麼做呢？」想要進一步了解你的提案和行動。

那麼，就讓我們立刻進入邏輯思考案例，一同來看「邏輯思考」的導言（P13）吧。

CONTENTS

第4堂課 批判性地發想 那個意見很好

第5堂課 批判性思考＋邏輯思考，進行獨創性的跳躍

導言

有人腦袋聰明，但是不知為何，
工作和生活都「時常碰壁」？

「女性喜愛的禮物」的陷阱?!

三十多歲的K夫妻都在工作，即將邁入結婚三週年。

K先生在廣告公司工作，這一陣子工作忙碌，回家大多都三更半夜了。

（對了，結婚紀念日快到了……）

他搭乘最後一班電車，用智慧型手機看著網路上「女性喜愛的禮物排行榜」的文章。他看到女性喜愛的禮物第一名是飾品，腦海中忽然浮現妻子的身影。

於是隔天，結束與客戶的協商之後，他在回公司的路上，順道前往珠寶店，買了一條可愛的項鍊給妻子。

（我們最近都沒有一起去購物，看到禮物她一定會大吃一驚。）

結婚紀念日那一晚，K先生一如往常勉強趕上最後一班電車回到家。他一面想像妻子開心的表情，一面遞給她裝了項鍊的珠寶盒，想給她一個驚喜。

但是——

妻子雖然對他說了「謝謝」，但是出乎他的意料之外，她看起來並不是很開心。

究竟是為什麼？

各位是否也有過這種經驗呢？

我們覺得是為了對方好所做的事、說的話，不知為何，對方卻不買帳。照理說我們完全沒有做錯，但是對方似乎沒有感受到自己的心意，令人懊惱。

非但如此，對方有時候可能會心想「你真的懂我要什麼嗎？」反倒有些憂慮……

究竟該怎麼做，**才能使我們覺得「好」的事讓對方接受？**

本書會剖析這種「照理說是對的，但是進展不順利」的現象，循序漸進、有邏輯性地幫助各位引導出使事情進展更順利的「正確解決」方法。

範圍更廣地來說，我希望各位的建議、發言與行動，能令對方更常笑著點頭說：「真是不錯。」

那麼，讓我們回到剛才K先生的故事。

其實幾週前的某天，K先生比平常早一點回家，K太太給他看一個流行時尚的網站，雙眼熠熠地說：

「老公，這條項鍊不錯吧？」

K先生記得這件事，所以心中更加期待送給妻子想要的項鍊，想說給她一個驚喜，一定會讓妻子很開心。

「項鍊是女性喜愛的禮物排行榜前幾名。」→「妻子上網查看項鍊。」→「在結婚紀念日送給妻子，給她一個驚喜吧。」

K先生一定是如此思考，想博取妻子開心。

確實，有許多女性喜歡飾品，看到亮晶晶的飾品，眼睛也會為之一亮。K太太在意在網路上看到的項鍊也是事實，但假如她更在意的是「先生」，那怎麼辦呢？

其實，K先生最近太忙，遲遲撥不出兩人相處的時間，所以想在結婚紀念日和妻子好好聊聊天，心想「項鍊」這個話題說不定是個機會。但其實夫妻倆每日各自忙碌，真正能令妻子開心的是，有時間和比平常早回家的K先生聊天，便暗自期待在結婚紀念日當天，說不定K先生也會早點回來……

可是事實上，時間像往常一樣流逝，K先生沒能早點回家。假設這是事實，那麼「把『女性喜愛的禮物排行榜第一名』的飾品送給妻子，給她一個驚喜，妻子就會開心」這種邏輯推論就不會成立。

那麼，以K先生的情況，「正確做法」是什麼呢？

批判性地思考，邏輯性地發展

妻子在結婚紀念日收到項鍊，問她開不開心，答案當然是「開心」，就討妻子歡心這個層面而言，K先生的選擇可說是正確。然而，假設妻子希望在結婚紀念日兩人能有時間聊天，最佳解答或許不是項鍊，而是K先生對妻子這麼說：「感謝妳平日的辛勞。我非常幸福。就讓我們慢慢用餐，慶祝結婚紀念日吧」。

即使是關係親密的對象，人們也經常無法坦率地告訴對方說，我「其實是這麼認為」、「如果你這麼做，我會很開心」。

咦？本書應該是介紹適用於企業管理領域的邏輯思考書，但是，為什麼會說到男女之間溝通相左的話題呢？

事實上，這種「照理說是正確解決做法，但是進展卻不順利」的現象，除了大量發生在企業界，也會發生在與客戶之間的人際往來和職場中。

各位是否認為這種現象是「傳達方式的問題」，是無可奈何的？然而，假如是發生在職場或與客戶之間**的這種「傳達方式的問題」，其實是「邏輯思考」不足的問題**，其因應之道也會隨之改變。

「那個人說的話是對的，但總覺得哪裡怪怪的。」

「我總是無法妥善傳達自己想說的話，而覺得很懊惱。」

「照理說已確實做了，為什麼行不通呢？」

「上司一臉傷腦筋的表情對你說：連那麼簡單的事都不懂嗎？你知道我在說的是什麼意思嗎？」

「你的提案跟我希望你做的完全不相同，而你連為什麼不同都不知道，真令人傻眼。」

這種話此起彼落，經常在我身邊出現。

由於太常發生，或許有些人會下意識認為「沒辦法了」而死心。

雖然如此，但我們都像K先生一樣，盡可能地希望對方開心、想妥善地向對方傳達想法、想了解對方，也同時期待對方能了解自己想表達的，而展開行動。沒有人希望事與願違。

既然如此，為何還是會發生這麼多「進展不順利」的事呢？

在此，我們再來回顧剛才K先生的思考和行動。

「飾品是女性喜愛的禮物排行榜前幾名。」【前提條件】

「妻子上網查看項鍊。」【深入探究】

「在結婚紀念日送給妻子，給她一個驚喜吧。」【結論行動】

乍看之下，會覺得這個邏輯發展是成立的。然而，做為「前提條件」的「飾品是女性喜愛的禮物排行榜前幾名」，是否真的也適用於K太太呢？

K先生一開始在網路上找到的「女性喜愛的禮物排行榜」，說不定其實是以單身女性為母群體的資訊。

假設是以已婚女性為母群體的調查，結果可能會有所不同。舉例來說，比起物質性的禮物，女性想聽到證明「自己帶給對方幸福」的話、能夠確認「自己受到重視」的話，會擠進排行榜前幾名。

不過，這種「**位於內心深層的真正心情**、**感情＝心聲**」，在日常生活中幾乎不會表露於外。更進一步來說，有時候連當事人也沒有意識到自己真正的心情。

然而，將表面看到的狀況或眼前的資訊做為「前提」，沒有「深入洞察」、弄清對方內心到底怎麼想的，便斷下結論或展開行動，就會導致「事與願違」這種「慘劇」的發生。

基本上，我們平常就能「邏輯性」地思考與行動。不過，如果能夠再稍微加入「**深度**」，就能夠在各種場合中，提出最佳的「解決方法」。

這個方法＝邏輯思考，正是我想傳授給各位的。

本書將以我在麥肯錫學到的思考精髓，以容易理解的方式，告訴各位如何在工作與生活中，運用「邏輯思考」，使事情「進展順利」，全書並以五個課程的形式彙編，希望幫助大家能夠立刻實踐。

話說回來，「邏輯思考」究竟是指何種思考呢？

本書所說的邏輯思考，是指「批判性地思考（透過深度洞察，擁有自己的想法），邏輯性地發展（淺顯易懂地傳達）」。

邏輯思考的基礎，僅此而已。

邏輯思考的本質很簡單，但其中包含了非常重要的觀點，像是批判性地思考（透過深度洞察，擁有自己的想法）此一觀點。這非常重要。是否擁有批評性思考這種觀點，會左右他人是否贊同並說出「那個意見很好」，或者是否能夠令對方產生共鳴。

從深度洞察引導出自己的想法，會使人逼近事物的本質去思考。這就是「真正的邏輯思考」。

邏輯思考並不是單純指套用固定的「公式」，將思考形式化。與批判性思考（透過深度洞察，擁有自己的想法）成套進行的是「真正的邏輯思考」。

一般人所說的「邏輯思考」，是從開始推演前就先預設好答案，倘若此種「邏輯思考」是邏輯性地驗證其答案是否產生矛盾或錯誤，那麼**麥肯錫式的「邏輯思考」則是指：總是透過歸零發想與假設思考，創新地創造當下最佳並且切中要點的「新答案」**。

這種思考行為，能夠顯現出每個人各不相同的「天份」差異，十分有趣，在麥肯錫，我們稱這種「吸引人的思考」所產生新價值的狀況是「性感」的。

本書是將這種真正吸引人又打動人心的「批判性＋邏輯性（深入且淺顯易懂）」思考，稱之為「邏輯思考」。

在閱讀的過程中，各位會明白在各種狀況中，「有、無」進行麥肯錫式邏輯思考如何影響我們的選擇和結果。

各位也會漸漸發現在日積月累下，將能獲得「自己想要的東西」，這絕非誇大其詞。

從現在開始，請務必學會「麥肯錫式邏輯思考」，讓深度洞察和其結果為各位帶來「諸事順遂」的人生。

第 1 堂課

邏輯思考並不難！

邏輯思考的基礎課程

不香的咖啡豆，不會使人回頭

一開始擁有不錯的點子，但進展不順利。果然光靠直覺去做是行不通的啊……

各位是否曾像這樣懊悔過呢？我也曾有過。即使不到後悔的地步，但還是認為「明明能有不同的做法」，反省自己當時的思慮不周。

可是，以「靈光乍現」和「直覺」行動，真是錯的嗎？在企業中，是否難以將「靈感」和「直覺」的想法實踐呢？

蘋果前執行長——史帝夫・賈伯斯（Steve Jobs）曾說：

「我希望你不要被他人的教訓束縛。比起任何事物，我最希望你要有勇氣相信自己的內心和直覺。」

對於在電腦業界被稱為「神」的賈伯斯而言，創新的起點正是「靈光乍現」和「直覺」這種「非邏輯性」的想法，此意義是格外深重。

如同賈伯斯所教導的，「靈光乍現」和「直覺」在職場上不該被捨棄，反而要當成一種重要的資產，可以用來做自己才做得到的事情。

妥善地將這種「靈光乍現」和「直覺」當做自己的武器，並且使身邊的人認同，才是比較重要的。

不過我們不能直接把**「靈光乍現」和「直覺」表達出來就了事，而是要再試著「深度」探察，這才是重點**。請記得這個思考行為是「邏輯思考」的基礎。

單純的「好的直覺」，就像是咖啡的生豆。

喜歡咖啡的人和曾在咖啡專賣店打過工的人應該知道，烘焙前的咖啡「生豆」，沒有一般印象中咖啡豆的香味和顏色。

咖啡生豆的顏色偏白，幾乎無味（有的品種會發出微微果香），不太喝咖啡的人或許還會問說：「這是什麼豆子？」

「生豆」經過烘焙後，會發散出咖啡獨特的濃郁芳香，連不太喝咖啡的人也能理解「啊，原來這是咖啡」，同樣的，把「好的直覺」原樣直接傳達出來，也是無法真正傳達其價值。

或許我們自己能夠理解「好的直覺」的價值。不過，若是直接原封不動直接表達出來，或許就像毫無香味的咖啡生豆一般，會看到對方露出困惑的表情，或者很可能不接受。

因此，為了讓對方更容易理解我們難得的「好的直覺」，並且願意接受，就要加入「邏輯思考」這道烘焙程序。

「邏輯思考」並沒有那麼困難。我們不是研究學者在做學問，而是要在職場或生活中向他人簡單明瞭傳達自己的想法、讓對方說出「那個意見很好」，這不必寫好幾百篇的論文，也不必花太多時間。

如前所陳述，麥肯錫式的「真正的邏輯思考」是指，**「批判性地思考（透過深度洞察，擁有自己的想法），邏輯性地發展（淺顯易懂地傳達）」**。至於具體的思考過程是下列三個步驟，所有人都做得到。

Step 1 自行清楚地確認前提（是真的嗎？）

Step 2 深入探究、傳達根據（因為～，所以是這樣）

Step 3 擁有自己的深入意見（那個意見很好）

在此，讓我們試著回想在本書開頭出現的K先生案例。

K先生在結婚紀念日，為了讓妻子開心，基於「飾品是女性喜愛的禮物排行榜前幾名」這個【前提條件】，送她項鍊，想給她一個驚喜，但結果「不怎麼樣」。

假如當時，他進行「邏輯思考」，以Step 1～Step 3步驟推論，或許就會發現，將「飾品是女性喜愛的禮物排行榜前幾名」做為前提是錯的。

若是深入探究，就會發現「一般而言，女性收到飾品，確實會開心，但是不能以同樣的前提，認為已婚女性和單身女性都這樣想」，這樣說不定就能產生「項鍊＋對於平日的感謝話語」這種發想。

■圖1　步驟圖

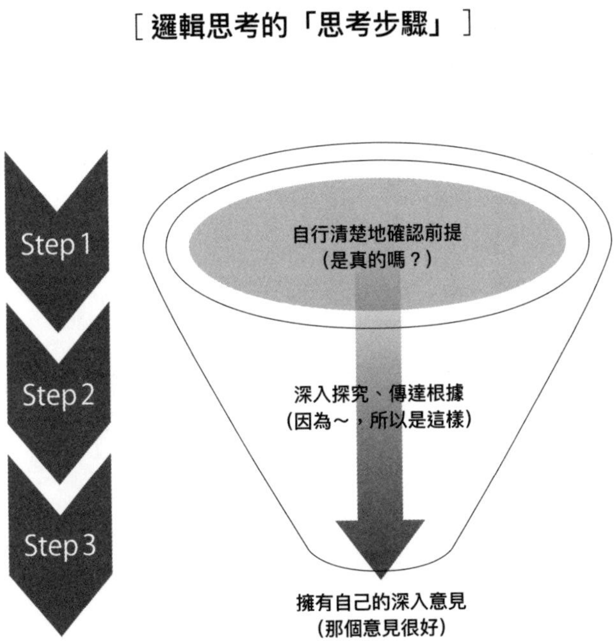
[邏輯思考的「思考步驟」]
Step 1
Step 2
Step 3
自行清楚地確認前提
(是真的嗎？)
深入探究、傳達根據
(因為～，所以是這樣)
擁有自己的深入意見
(那個意見很好)

「邏輯思考」對什麼有幫助呢？

若凡事都用「邏輯思考」判斷，或許有人會覺得都只是在講大道理，而且麻煩。

但在職場上，被稱為「工作表現得好」的人，往往具備良好的「邏輯思考」的能力。

學會正確邏輯思考的人，不會令對方覺得是在講大道理或者麻煩，他們反而能夠很吸引人地、且淺顯易懂地向對方傳達自己的想法或意見。

這種人會因此獲得許多人的贊同，做起事來往往也會很順利。沒錯，換句話說，**「邏輯思考」可說是重要的思考技術，可以用來讓各方人士站在自己這一邊，獲得許多人的贊同。**

在各種場域中，這都相當重要。

進一步來說，擅長「邏輯思考」的人，能夠淺白地向他人傳達想法，或者藉此令對方聽了很滿意，變成「擅長溝通」的人。

學會邏輯思考，絕不會變得「難搞」、「難以親近」，反而能夠用容易讓人接受、淺顯易懂的方式，說明自己「好的直覺」，讓大家認為「那是前所未有的發想」，對於你的想法或點子感到新鮮，你也有可能成為高度受歡迎的人物。

因此，**對於「邏輯思考對什麼有幫助？」這個「問題」，可以這麼回答：它有助於使溝通越來越順暢，建立良好的人際關係。**

我想，也有人察覺到了，讓「溝通越來越順暢，能夠建立良好的人際關係」這種思考方式，本身也是一種「邏輯思考」。

接下來，我們先試著來想想「邏輯思考對什麼有幫助？」這個「問題」。

【前提條件】：「邏輯思考是指，能夠淺顯易懂地向他人傳達想法的方法。」

接著，**【深入探究】**：發現「要有人能夠淺顯易懂地向大家傳達想法，這對交流溝通很有必要。」

最後，得出**【結論】**：「學會邏輯思考，可以提升溝通能力。」

這個邏輯推論，也就是這種邏輯性的思考方式，在邏輯思考界也被稱為「演繹法」，在此，大家只要記得「演繹法」這個名稱即可。之後在本書第三章中，我會簡單明瞭說明。各位即使忘了這個名稱也沒關係，請繼續看下去。

如同我一再重申，本書的目的不是為了學術研究教大家「邏輯思考」，而是教大家在職場上或整個人生中，如何適當地向他人傳達「自己覺得好的、正確的事」，以及讓聽到的對方能夠說出：「你這個意見很好」。

正因如此，我希望各位不要將邏輯思考的各種方法當成知識死背硬記，而是將本書視為契機，重視「學會並實踐」。若各位能在各種場合中自然地進行邏輯思考，即使不記得方法的名稱或幫助思考的工具種類，也較有可能讓人生順遂。

邏輯思考和與生俱來的聰明無關？

那個人總是思緒敏捷，令人羨慕。但我不是天生頭腦聰明的人……

我們總是忍不住和他人比較起頭腦聰明與否，以及自己與生俱來的能力跟他人有什麼不同。我們也容易認為，如果不是原本就思緒敏捷的人、擁有理工科腦袋的人、頭腦聰明的人，應該很難學會邏輯思考。

但話說回來，「頭腦聰明」並沒有明確定義，**思緒敏捷和頭腦聰明這種形容詞模糊的特質與是否學得會「邏輯思考」，並無必然的關係**。

若要硬湊在一起，或許可以說，最近企業徵才的時候，經常要求應徵者要「腦袋靈光」，這個「腦袋靈光」其實就與「邏輯思考」有關聯。

人們會說某人「腦袋靈光」，但「腦袋靈光」並沒有明確的定義，只能說是「不同於以學習量和考試等方式測量出的聰明」，也就是並非靠學習培養出的

「聰明頭腦」，我們稱之為「腦袋靈光」。

實際上，進入麥肯錫工作的員工，確實有許多人擁有「聰明的腦袋」、「光靠學習無法養成的天份」。我如今回想起來，那種天份應該正是指「邏輯思考」的天份。

此外，我在參加麥肯錫的錄用考試時，也有做邏輯性思考的測試，同時還有創新性（創造性）這種特別的測試。舉例來說，像是看著類似「〇」的圖形之後，在幾十秒之內，陸續寫下從中想到的事物。

像是「〇」→鑽石→甜甜圈的洞→從正上方看到的氣球……列舉自己直覺想到的事物，這些並非是進行邏輯性思考會想到的事物。

我當時一邊考試，一邊心想：「邏輯性思考的重要自是不在話下，創新的發想也很重要啊。」

舉例來說，假設要讓所有人對「〇」這個圖形感興趣來做說明，以數學的方式就會是：「平面中距離相等的點集合所形成的曲線為圓。」這是邏輯性的正確解答，但這麼一來，說不定有人會覺得「〇」這個圖形並不有趣。

人們之所以會對他人的話產生共鳴，或者被吸引，不單純因為是「邏輯上正確」。實際上，我在麥肯錫工作時，不光只是展現知識，還要能夠說明「這其實是這樣來的」，能夠發表個人獨特的創新、吸引人又令人認同的分析，具有會表達的迷人溝通能力，才能夠更受到矚目，身為顧問也會留下漂亮的成績。

換句話說，我學到了要能夠邏輯性地發展創新發想，並且傳達給他人，這點非常重要。

所以，我希望各位要重視不同於一般邏輯思考的麥肯錫式邏輯思考，以及它的獨創性。

此外，麥肯錫式邏輯思考是能夠後天養成。

這個世界上有人是「學習力強，而且腦袋靈光」。

這種人也會創新地將「邏輯思考」的要素納入自己的學習之中，發明最適合自己的最佳學習法，即使遇到危機，也會為了從中解套而不斷下工夫，又或者將從學習中獲得的啟發告訴身邊的人。

也就是說，**不只是按照他人教的做，還能夠在各種狀況運用自如，以及能夠以迷人的溝通方式傳達，令身邊的人理解，這樣的人才是能夠創新地使用邏輯思考、「腦袋靈光的人」**。

請各位學會運用邏輯思考，克服危機。透過累積這種經驗，會進一步磨鍊出「邏輯思考能力」，最後「腦袋越來越靈光」。

企業之所以要徵求「腦袋靈光的人」，正是因為除了基本能力之外，也需要員工在意想不到或困難的狀況中，具有產生創新發想和行動的能力，以及有吸引人的溝通能力，來集合眾人之力。

在此請注意：**就學習力強這個層面而言，頭腦聰明和思緒敏捷，與腦袋靈光所展現的「創新發想和行動」、「溝通」能力，兩者的養成方式、學習方式不同**。

各位身邊應該也有即使學習力強、知道許多邏輯性正確的事，但欠缺「創新發想和行動」、「溝通」能力的人。

就算各位至今不曾覺得自己頭腦聰明（即使過去缺乏大量學習），也能從現在開始學會邏輯思考，進而獲得「創新發想和行動」、以及「溝通」的能力。

工作能力越強的人，待人越重視「邏輯思考」

請各位仔細想想，從邏輯思考是最佳化思考（也就是使思考極簡、變得淺顯易懂）這一點來看，「邏輯思考是指能夠淺顯易懂地向他人傳達想法的方法」，這個邏輯是理所當然的，但不知為何，至今卻經常被忽略。

也許是受到「邏輯」這兩個字影響，人們會強烈聯想到「邏輯思考」只適用於特殊領域，譬如理科工作或顧問工作。

非但如此，人們至今仍認為它是為了準備提案內容，在提案階段才會被重視的思考法，在日常生活中不太使用得到。

然而，在企業中，即使是再怎麼嶄新、劃時代的點子或提案，如果不能淺顯易懂地傳達其優點，獲得在場者的認同、令聽者趨身向前說「這個意見很好」，就毫無意義。

若是對方認為「提案本身有趣，但跟現實脫節」，就太遺憾了。縱然自己對提案內容再有自信，並且確信執行方案是正確的，假如對方不接受，或者無法消除對方的不安或擔憂，工作也無法順利進行下去。

工作能力強的人為了避免上述情況發生，會以「邏輯思考」的方式進行深入思考，讓對方理解自己的想法，並進一步接受。

Step 1 自行清楚地確認前提（是真的嗎？）

Step 2 深入探究、傳達根據（因為～，所以是這樣）

Step 3 擁有自己的深入意見（那個意見很好）

如同先前所說，要有意識或不經意地透過這三個步驟思考，有自信地提案，才不會看到對方露出不解的神情，並且接受你的意見。

進行「邏輯思考」的溝通中，這三個步驟基本上都會運用到。雖然每個人說話的內容和表達因人而異，但是「邏輯思考」的引擎可說是使用相同的零件製成。

換言之，「邏輯思考」的能力和與生俱來的「頭腦聰明」或「學習力強」無關，是任誰都能後天增加的能力。

以我個人為例，我曾在麥肯錫顧問公司接受過基礎工作的教導，切身體會到沒有「邏輯思考」，工作連一釐米也進展不了。

我在前作《麥肯錫新人培訓7堂課》中曾提及，解決企業問題的管理顧問工作，是讓來自不同行業背景的人（其所屬組織具有的文化、環境、思考事物的方式、行動模式皆不相同），都能趨身向前說出「這個意見很好」。

譬如我曾經提過一個案子，讓過去和農業八竿子打不著的汽車業者說出：「或許種蔬菜也很有趣。」

因此，以「邏輯思考」做為思考的共通語言是必要的，即使只是為了提升職場上與人交際的能力，「邏輯思考」也是有所助益的技能。

爲了我們（Our Value）而做，而不是爲了我（My Value）而做

為了向來自不同背景的人們傳達自己的想法，讓他們趨身向前說出「那個意見很好」，在此介紹一個運用「邏輯思考」發揮莫大功效的例子。

世界知名的ＴＥＤ（Technology Entertainment Design）演講活動，是由美國一個非營利團體以「向世界推廣有價值的點子」所舉辦。

目前為止，包含 Amazon 創辦人——傑佛瑞・貝佐斯（Jeffrey Preston "Jeff" Bezos）、前美國總統——比爾・柯林頓（Bill Clinton）、搖滾樂團Ｕ２主唱——波諾（Bono）等名人在內，各種領域的人士都曾上台演講。

ＴＥＤ的影片也在網路上公開，並且在日本的ＮＨＫ等節目播放。

ＴＥＤ的特色，是站在講台上的演講者不光是單方面地傳達「我的想法、行

動」，還要讓聽眾有「參與感」，演講內容必須讓現場聽眾有「共鳴」、能夠理解。

當然，基本上TED的演講內容算是**「批判性地思考（透過深度洞察，擁有自己的想法），邏輯性地發展（淺顯易懂地傳達）」**，但之所以吸引許多聽眾，並不只是因為演講內容具有邏輯性。

許多演講者會在台上的螢幕播放非常吸引人、或者充滿訊息的圖片。

舉例來說，為了開發沉睡在地底的資源，卻讓物種豐富而神祕的自然環境暴露在無可挽回的破壞危機之中，為了傳達這點，與其以數據資料呈現，不如讓聽眾觀看令人屏息、捕捉當地大自然之美的照片，更能傳達這個主題的重要性。

而「分享」這些照片之後，演講者抛出「為了經濟資源的開發，與保護震懾人心的美麗大自然之間，到底該如何取得平衡才好？」這種「問題」，藉以呼籲支持保護大自然的人挺身而出。

其實，視主題的不同，有時候照片比數據更容易抓住人心，這也是一種普遍常見、合乎邏輯的現象。

如何打動人心呢？為了做到這一點，使用創新發想，正是麥肯錫式「邏輯思考」的重要要素。

真正的邏輯思考會改變眾人的行動

我所學到的麥肯錫式邏輯思考，都是以獨創且吸引人的發想激勵別人，或者鼓舞客戶和相關人士認為要「理所當然」採取行動。

也就是說，只為了向對方提案而進行邏輯思考並無什麼意義，以邏輯思考來發揮「打動人心，因而驅動對方付諸行動」的力量，才真正重要。

「驅動」這兩個字所指的動作，其實也有兩種意義。

其中一種是所謂的「行動」；是指一個人的行動或工作能力，或者組織體系中的運作狀況等等，算是範圍較小。

另一種是所謂的「運動」。這不局限於一個人的行動，而是指範圍較大、會對組織和世界等造成影響的行動，亦指將會造成巨大浪潮、會產生某種「運動」的行動。

剛才提及的ＴＥＤ演講提案便是如此，但邏輯思考並不只為了在提案的場合發揮作用，或只適用於少數人。

麥肯錫式的「邏輯思考」也一樣。其價值並非在於進行邏輯思考後使自己接受某個想法或行動，而是要創造出能改變眾人行動的「運動」。

事實上，曾在麥肯錫工作過的人在各個領域都十分活躍，有「麥肯錫黑手黨」（McKinsey Mafia）這個別名之稱，我想，其能力的來源之一，便是麥肯錫式的「邏輯思考」。

「邏輯思考」在企業中變得必要

如今這個時代，儘管是知名品牌的新產品，也未必能夠輕易地熱賣。如果不好好地透過溝通，讓消費者了解「這個新產品或服務會帶給使用者何種價值或體驗」、「這是透徹了解使用者而誕生的產物」，讓消費者產生共鳴，就無法讓消費者從口袋裡把錢掏出來。

若不進行邏輯思考，只單方面向消費者宣傳「這是好東西」，就會落得令消費者認為「這真棒啊，可是，我不需要那種東西」的下場。

還有，在企業組織中，想開創某種創新工作時，如果部門中有人不贊同，那就進展不了。除此之外，無論公司內外，現今常見的是，由一群完全互不認識的人共同推動某個計劃案。

由於不是在「就算不說、對方也會瞭解」這種環境下一起工作，所以是否能進行邏輯思考，簡單明瞭地溝通，自然會影響工作的結果。

此外，在當前職場的環境中，各種資訊、技術，甚至連專業知識都是以飛快的速度更新，僅僅一年前（有時候是幾個月前！）的知識和資料已經過時了，這種情形也常常發生。

在此同時，新的課題不斷出現在我們面前。這個時候，即使累積了再多過去的資料和專業知識，也無法解決課題。

重要的不是擁有多少資料和專業知識，而是創新並且邏輯性地找出：「現在發生在眼前的事，其真正問題為何？」

- **試著全盤瞭解發生在眼前的事**
- **在該狀況中，鎖定真正的問題**
- **確認這個特定問題「是否真的是問題」的根據**
- **擬定解決問題的方案**

・展開用來實際解決問題的行動

為了順利完成這一連串的流程，「邏輯思考」是不可缺少的引擎。假如沒有進行「邏輯思考」，以當場的感覺與斷定來著手解決問題，會產生何種結果呢？

讓我們看一看以下的例子。

「認定」的魔力其實很恐怖

故事是這樣的。

某個晴朗的週六早晨，有個男人一如往常地開著保時捷馳騁。當他靠近一個視野狹窄的彎道時，他減速換檔，腳放在剎車上，為了前方兩百公尺處的急轉彎做準備。此時，從對向彎道後方衝出一輛像是方向盤沒打好的車。就在男人以為那輛車會墜崖的瞬間，那輛車貼著道路邊線開回來，猛地衝進對向車道，該車駕駛連忙重新轉回方向盤，想轉回原本的車道。

男人心想「搞什麼鬼」，急踩剎車。

然後，那輛車蛇行地靠近過來。男人以為會撞上時，結果那輛車間不容髮地往左偏，交錯而過時，一名漂亮的女性從車窗探出頭來，扯開嗓門大喊：

「肥豬！」

男人心想「開什麼玩笑」，怒火上心頭，吼了回去：**「醜女！」**

「亂開車的人是誰?!」吼回去之後，心情是有爽快了些。遇到那種女人，最好罵她一、兩句。

接著，在急轉彎的那一瞬間，男人踩剎車……撞上了一群肥豬。

（選自《典範的魔力》喬．帕克）

這個故事告訴我們的，正是**人的認定或斷定會招致「不好的後果」**。

女性蛇行地開車，從對向車道衝了過來，想告訴男人前方有一群肥豬，因此脫口而出：「肥豬！」但是男人誤以為她在人身攻擊。結果，男人撞上了一群肥豬，無法避開危險。

人的大腦擁有一種構造，在感覺自己受到攻擊時，會立刻變得具有「攻擊性」。大腦下指令，分泌腎上腺素，血壓上升，血糖值變高，開啟全身的行動開關，進行反擊或避難。

人的身體機制本身是十分具有「邏輯性」。其實所有生物都具備、或者可說是為了存活的原始邏輯性引擎。

但相對地，剛才的故事告訴我們，若是完全聽從原始的邏輯性引擎行事，也可能會出錯。

瞬間的憤怒是自然的情緒，所以沒辦法遏止。基於這種情緒，進一步**深入思考「實情是如何？」便能夠防止誤解的認定或斷定所導致的錯誤**。

無論任何時候，發生在眼前的事並非是全部的真相。記得思考「它背後有什麼」？這樣也能養成「邏輯思考」的習慣。

試著以邏輯性看待世上的事

「邏輯思考」也可說是一種「聰明眼鏡」，讓我們以批判的觀點看待世事，並加以理解。

光是戴上 Google Glass 走路，這眼鏡就會在必要時告訴我們想知道的事，如今是穿戴式電腦成真的時代，如果學會邏輯思考，就能「免費」瞭解各種世上發生的事情本質。

讓我們看一看某間購物商場在某天收到的幾件客訴。

- **咖啡廳客滿，遲遲等不到座位。**
- **廁所的數量太少。**
- **自動販賣機的熱飲賣完了。**

・裡面的門太冰，碰觸會產生靜電，令人不愉快！

・希望餐廳裡能放置蓋膝蓋的毛毯。

乍看之下，客訴的內容五花八門，要全部因應恐怕很費力。增加廁所的數量，也不是簡單的事。假如各位是負責處理客訴的人，會怎麼做呢？

從最容易因應的客訴開始著手是一個方法，也可以優先處理不用花成本的客訴，或者不惜花時間也要解決、比較棘手的客訴。

但是，如果經營商場的高層說：「能不能同時解決所有收到的客訴？」——你或許會想：「那種事應該辦不到吧。」

可是，真的辦不到嗎？在此，請大家試著想一下邏輯思考的基礎。

「批判性地思考（透過深度洞察，擁有自己的想法），邏輯性地發展（淺顯易懂地傳達）」。

不要去想怎樣把一個個客訴分別解決掉，而是要去想：「每個客訴的背後有什麼共通的原因呢」？試著稍微深入思考。

・**咖啡廳客滿，遲遲等不到座位**↓除了想在咖啡廳喝飲料、開心與朋友談天的人之外，是否還有許多因為其他需求而想使用咖啡廳的人？

・**廁所的數量太少**↓明明購物商場的使用人數沒有多大改變，為何廁所的使用者變多了？

・**自動販賣機的熱飲賣完了**↓商場內明明也有賣冷飲，為何需求集中在熱飲？

・**裡面的門太冰，碰觸會產生靜電，令人不愉快！**↓冬季也經常發生靜電，為什麼手觸碰門的冰冷感，會格外令人不愉快？

・希望餐廳裡能放置蓋膝蓋的毛毯→為何除了擁有開放式露台的店之外，也會出現這種要求？

收到各個客訴之後，不要直接一一因應，而是試著尋找其背後的原因，應該會發現五花八門的客訴背後有某種共通的要素。

從自動販賣機的熱飲賣完了、許多人要求提供毛毯、商場內的門冰冷，發生靜電，令人不愉快……說不定會發現「是否購物商場內『很冷』」這個問題。

乍看之下毫無關係的、對於廁所數量的客訴，說不定也是由於商場很冷，在咖啡廳或自動販賣機買熱飲的需求增加，使人們更常上廁所這種生理現象所致。

我想各位都知道，人體約70％是水分。經由攝取、或者代謝營養素而納入體內的量，以及透過汗水、尿液、呼氣等所排出的量，總是維持著平衡。人體是極為邏輯性的構造。

夏季時出汗量大，攝取了過多水分不太會產生尿意，但是冬季一變冷，不易流汗，水分變得過多，而且交感神經也會因為寒冷而變得活躍，於是引發「頻尿」這種現象。

從這些相關性推測，能夠做出假設——隱藏在一連串客訴背後的問題，是「商場內的空調溫度太低」。說不定能夠基於這項假設，採取「考慮到環保，稍微調高商場內的空調溫度，提升來商場顧客的舒適度」這個方法，一口氣解決五花八門的客訴。

【若以邏輯思考分析一連串的客訴……】

・試著全盤瞭解現在發生在眼前的事

（從人氣集中在熱飲、廁所擁擠等等狀況，思考顧客會說什麼。）

・在該狀況中，究竟什麼是真正的問題

（從個別現象的相關性，思考問題的根本在於「冷」。）

・找出證據，確認這個問題「是否真的是問題」

（驗證「冷」是否真的引發了上述個別現象。）

・擬定解決問題的方案

（透過提高商場內的空調溫度，是否能一口氣解決五花八門的客訴？）

・展開用來實際解決問題的行動

（思考環保和成本，將空調設定在不會發生客訴的最佳溫度。）

總是以歸零發想採取行動

說到「邏輯思考」，大家常認為它是所有人進行類似的思考，用來產生類似的輸出（結論）。

這一半是正確，一半則不然。

確實，如果進行邏輯思考，就會從一樣的【前提條件】和【深入探究】，引導出類似的【結論】。

「夏季常常下雷陣雨。」【前提條件】

「天空忽然變暗，颳起了有濕氣的風。」【深入探究】

「可能會下雷陣雨，快把晾在外面的衣物收進來吧。」【結論行動】

面對這種幾乎是普遍性的現象或問題，不必特別進行和別人不同的思考和行動，和眾人一樣進行類似的邏輯思考即可。然而，和處於競爭關係的對手，必須在同一個課題上提出「不同的結論」時，除了邏輯思考之外，還需要**創新的發想**。

在麥肯錫，針對需要議論的「課題」想提出意見時，是有一股不允許大家隨便提出「我也這麼認為」這種答案的氛圍。其他人會經常要求你要「**採取某個立場**」，因此在面對課題時要知道怎樣採取自己的立場。

結果，即使意見和別人一致，也會被問「那是為什麼？」、「你是以什麼獨特創新發想，進行了推論和驗證？」。

這時候，**妨礙你的是過去自己的「思考框架」和「成功經驗」**。使用自己平常進行的思考，或者沿用過去進展順利的方法，能夠「節省」思考時間，這本身說不定是合理的。

然而，假如處於競爭關係的對手，也進行類似的思考，產生類似的結論，怎麼辦？倘若是如出一轍的相同「結論」，縱然自己過去的成功經驗再怎麼加以背書，就結果而言，也無法使其具有價值。

為了避免陷入邏輯思考帶來相同「結果」的陷阱，刻意跳脫過去自己的「思考框架」和「成功經驗」，十分重要。

各位知道《玻璃假面》這部少女漫畫嗎？它是連載三十多年的「長壽漫畫」，敘述將一切獻給戲劇的女主角——北島麻雅，是如何飽受各種考驗，演活了各種角色。

相較於身邊其他的演員們，她在絕不優渥的環境中，以聰明的腦袋和天生的演技，走出自己的一條路。

她在某個試鏡的場合中，採取了以下這個行動。現場考官拋出「笑」這個題目，其他試鏡者都是設法發出各種聲音，演出「笑」這個動作，唯獨北島麻雅一個人沒有發出聲音，露出了只是嘴角稍微上揚的「笑容」。

參加試鏡的人全都一臉詫異，說道：「她在幹嘛？」考官們也感到狐疑，但是有位老牌超級紅星——月影千草看出了她的天份：北島麻雅以不同於其他參加者的觀點，理解了「笑」這個動作。

對於「笑」這個課題，大部分的參加者都使用了「發出聲音」這個【前提條件】。也就是說，這其中具有「笑＝開心地發出聲音」這個前提條件，而且只是反射動作式的反應。這也許是由於他們在過去的試鏡中，也有過「笑＝發出聲音笑」這種經驗。

相對地，北島麻雅不局限於這種「思考框架」或「成功體驗」，她以歸零發想，創造出了「適合當時的笑的演技」。

「笑有各種笑，像是靜靜地笑著。」【前提條件】

「對手們只會表演發出聲音的笑。」【深入探究】

「不發出聲音，只以表情笑吧。」【結論行動】

請記得總是像這樣以歸零發想，刻意採取「只有自己才做得到」的行動，即可避免陷入如出一轍的思考模式，而改為使用真正創新的邏輯思考。

爲何只有「邏輯性」不行呢？

本書中，建議將「批判性地思考（透過深度洞察，擁有自己的想法）」，邏輯性地發展（淺顯易懂地傳達）」，做為真正的邏輯思考，這是為什麼呢？

答案是，**只有「邏輯性」，會出現「照理說是對的，但是進展不順利」這種現象**。如同在工作上，也會發生「你說得是對的」，但是我無法瞭解，或者沒有切中要點這種情況，而之所以無法打動人心，常常是因為欠缺批判性思考（深度洞察）。

世上**有些事情是無論邏輯性即使再正確，那種思考和行動在該狀況下也並非是最佳選擇**。

舉例來說，在企業裡，「使用者的客訴越少越好」在邏輯上是正確的。因為使用者的客訴多，表示產品或服務有問題，連帶也會影響企業的評價或利益。

然而，是否可能有些狀況是無法斷定「使用者的客訴越少越好」呢？

舉例來說，正在測試產品的企業和ＩＴ業界，推出β版（正版推出前的評估版）的產品或服務，希望得到許多來自使用者的客訴或具體的意見，這樣反而最終有助於打造更有益產業和使用者的環境。

若將「使用者的客訴越少越好」做為絕對的原則，就會難以引出具體意見、難以獲得產出成果的架構，或者變成難以達到產品與服務的預定目標。

單純地去想，「使用者的客訴越少越好」雖然是「邏輯上正確」的思考，但總是以此為前提，並非最佳。

因為企業最終是以提供客訴少、顧客滿意度高的產品或服務為目標，為了達成這個目標，若是「使用者的客訴越少越好」，就無法產生「把來自使用者的客訴特別加以活用」的這個發想。

為了提升企業的評價、擴大利益，而試著批判性地思考「是否也有無法斷定為

『使用者的客訴越少越好』的狀況」，就會產生「推出ＩＴ業界的β版產品給使用者」這種令人覺得很讚的發想。

批判性思考不僅在邏輯上是正確的，同時也會產生令人理解、打動人心、切中要點的最佳發想。

那麼到底該怎麼做，才能在每一個關鍵的當下產出最適當且打動人心的發想，並且巧妙地傳達，讓對方大為讚許呢？

為了做到這一點，「批判性思考」是不可或缺的。讓我們在第2堂課中，好好學習。

第 2 堂課

批判性地思考

深入思考的訣竅

擺脫「自認爲知道、自認爲曉得」

以思考這個觀點來看人時，世上有兩種人。分別是「思考較淺的人」和「思考深入的人」。凡事不太思考，尤其是不曾意識到這點的人，也算是「思慮淺薄的人」。有人雖然「自以為在思考」，但是經常想不出頭緒，或許也算是思考較淺的人。

當然，從一開始就思考深入的人應該不多。我也是如此。對於思考沒有自信的人，若是察覺到「邏輯思考」的必要性，一定會漸漸地學會深入思考，不用過度擔心。

思考較淺的人，會在各種場合中，傾向於「那種事情，我已經知道了」、「之前也是這樣」，而不進行思考，或者看到「大家都這麼說」、「八成的人贊成」，就輕易地附和。

這種被動性接受別人的想法，或許很輕鬆，但如果一直都這樣，就只會「被人驅動」，絕對無法「驅動別人」。

若想讓職涯和整個人生朝向「自己希望的方向」前進，就要往那個方向盡量獲得更多人的贊同，聽到他人對自己說：「那個意見很好」。**如果沒有思考的深度，也就是「批判性思考（深度洞察）」，一切都只是空想。**

我之所以說得比較嚴厲，是因為我們容易隨波逐流，朝輕鬆的方向前進。「批判性思考」如同它字面的意思，是對我們自身進行「懷疑的」、「批判的」、有點嚴格的思考，這點必須稍微刻意地加以注意。

說到「懷疑的」、「批判的」思考，聽起來總覺得會「被人討厭」，但是並非如此，敬請放心。這樣思考反而能夠讓自己和身邊的人清楚明瞭事情是怎麼一回事，心想「就是這樣沒錯」。

一開始各位或許會覺得進行這種思考方式很困難。但是，一旦學會之後，就不會受到各種資訊所惑，反而能得到大家贊同的意見，對你說：「你的意見很好」，使人生事事順遂。

Step① 自行清楚地確認前提（是真的嗎？）

在進行「邏輯思考」的思考行為中，第一個步驟是對自己的「靈光乍現」、「直覺」，或者「這個是問題」、「做這個很好」等等想到的事情或想法，提出「質疑」，**像是，「是真的嗎？所以呢？」**

「邏輯思考」中，經常使用的用語是「So What?」。即使你個人認為「這會成為好的主題！」、「如果提出這個點子，或許對方會很高興」、自己充滿了熱情，但假如所提出的主題或點子本身有問題，或者不是對方需要的，那就行不通了。

若是襯衫的第一顆鈕釦扣錯了，扣到後面就得所有鈕釦重扣，所以進行「批判性思考」時，避免扣錯第一顆鈕釦，非常重要。

有一個印度的寓言，可以做為理解「批判性思考」的參考。

六名視障旅人，在印度的深山遇到了擋住眼前道路的「某個龐然大物」。六個人面對眼前太過龐大的物體，心裡想著「該怎麼辦？」而煩惱不已，於是各自試著去觸摸那個物體，描述自己所想到的東西。

觸摸耳朵的人說：「這是一把大扇子。」

觸摸腿的人說：「不，這是樹幹。」

觸摸尾巴的人說：「這是一條粗繩。」

觸摸側腹的人說：「不對，這是牆壁。」

觸摸鼻子的人說：「這是一條蛇。」

而第六個人觸摸牙齒，斷言：「這是一把槍。」

如各位所知，其實這個「龐然大物」是大象。

六個人各自說了自己認為「正確」的事，但假如以此為前提，試圖移動這個「龐然大物」，結果會如何呢？

明明其實是大象，但以為是「粗繩」而拉扯的話，後果不堪設想。

這個寓言中，包含了各種「訊息」，以「邏輯思考」的方式來思考的話，重點在於，要**一開始盡量全盤觀察整體，正確掌握做為前提的問題**。

這個龐然大物實際上是「大象」，但假如將完全想錯的事物當做「前提的問題」，試圖從中引導出解決方案，那麼不管如何深入思考，也無法引導出正確的解決方案。

請各位養成經常質疑自己看法的習慣。即使想到「這一定是『樹幹』，所以用斧頭砍倒就行了」，也要在當下吐嘈自己「這是真的嗎？」、「除此之外，是否還忽略了什麼？」試著自問自答。

接著，請檢視自己是否正確掌握了真正的問題。

勿將「相關性」和「因果關係」混爲一談

在確認前提時，常會出現的狀況是，我們容易將其實不太相關的事情，誤認為似乎十分相關。

舉個極端的例子來說，假設有人在街頭針對法律目前並未禁止的某個行為，詢問路人說：

根據最近的調查發現，開車超速的人有94%在超速前二十四小時內，都做過這『某個行為』，而在造成重大傷亡的車禍中，有97%的人在車禍前二十四小時內，都做了這項行為。

法律是否應該禁止、取締此種『某個行為』呢？

如果是足以造成車禍的「危險行為」，在街頭被詢問的人，應該大多數都會回答「應該禁止」。

而且，說不定受訪者會認為，「如果這種行為目前沒有被法律禁止，放任不管的話，可能會更加惡化」。

然而，街訪問題中所提到的「某個行為」，究竟是否真的是必須以法律取締的危險行為呢？先確認這一點很重要。剛才的街訪內容中，一個字也沒提到成為該前提的「行為本身的危險性」。

然而，假如這個街訪中所問的「某個行為」是「吃早餐」這個行為的話，那怎麼辦呢？

若街訪中將「某個行為＝吃早餐」，做為引發車禍等危險事故的前提，以一般邏輯思考，無論開車會不會引發車禍，大部分的人應該每天都在做這「某個行為（＝吃早餐）」。

吃早餐這個行為本身（除非食用特殊食品），並不存在造成車禍的危險性。

但是，若有人使用數據，將車禍的危險性和吃早餐連結在一起來詢問，我們就會容易認定兩者之間有某種重大的關係。

首先，不只是在街頭被訪問，當我們突然被問到某種問題時，可能無法做到Step①「自行清楚地確認前提」。**許多事情的前提和結果之間，其實並不存在多麼重大的相關性。**

我們之所以「不小心」連結錯誤的前提和結果，是因為將事物的「相關性」和「因果關係」混為一談了。讓我們看一看其差異。

【相關性】＝即使最終有相關性，但是直接的原因和結果無關。

【因果關係】＝最終有相關性，原因合理且直接地和結果有關。

看了這個定義之後，就會清楚地明白兩者之間的差異。然而，若將只有「相關性」的事情，認定為原因和結果，即使從中思考解決方案，展開行動，大多結果也會「不如人意」。

每天早上吃香蕉，有益健康？

讓我們試著進一步練習「批判性思考」。

我想，不少人看過媒體報導「香蕉有益健康」。香蕉確實營養價值高，感覺上是有益健康的食物。而且，光只吃一根香蕉，就享受得到美味又相當有飽足感，我也很喜愛。

不過，這時也不能因為「香蕉有益健康」，所以這麼說：「每天早上吃香蕉會促進健康。」

縱然有調查結果指出「有吃香蕉習慣的人比不吃香蕉的人長壽」，也不能因此就斷定「吃香蕉是長壽的主要原因」。

舉例來說，若是比較早上起床什麼也不吃就展開一天活動的人，和吃一根香蕉之後才開始活動的人，後者可能比較有活力，若參加考試，成績也比較好。

人為了活動需要使用肌肉和大腦，體內需要由糖質生成的肝醣（Glycogen）等能量，糖質和脂肪不一樣，多出的部分無法儲存於體內，所以早上起床時，幾乎處於零的狀態。

因此，容易消化吸收的香蕉可說是補充能量的最佳食物之一。

而且，香蕉含有多種糖質，在體內能被快速吸收，並產生成為能量的葡萄糖與果糖，相較之下，澱粉類食物的消化較慢。

也就是說，早晨若是吃香蕉，能夠快速啟動引擎全力衝刺，展開一天的活動，而且持續性佳，在邏輯上也可說是正確的。

這麼一來，便會覺得「每天早上吃一根香蕉，能夠變健康」也說得過去，但若是批判性地思考，就無法斷定「香蕉會促進健康」。

實際上，早餐吃香蕉的人，有可能和牛奶、優格，或者蔬菜等食材一起吃。此外，對早餐用心（花錢、花時間，而且慎選食材）的人，可能還會上健身房、健走或慢跑，或者不抽菸，過著比較規律的生活，留心讓整體生活總是處於「良好」的狀態。

即使其他主因也與結論相關，若是其中一個主因特別醒目，它看起來就彷彿主導了結果，就要特別注意其中陷阱。

當然，與這種「因果關係」無關、適度地吃香蕉，對我們的生活應該沒有負面作用。不過，把「相關性」和「因果關係」弄混，而得出「為了健康，每天早上必須吃香蕉」這種結論，就不能說是「批判性思考」。

不要只看表面問題

身為上司，是否會對犯錯的屬下，進行這種「指導」呢？

「為什麼犯那種錯？沒有好好確認，事情才會變成那樣。你這樣會給大家製造麻煩，請下次要事先跟對方確認！」

乍看之下，上司在邏輯上好像說了理所當然的事，但這麼做，屬下的做事能力是否就因此而改善，著實令人懷疑。

顯而易見的是，即使狀況不同，屬下恐怕還會再犯類似的錯，然後這位上司每次都會進行千篇一律的指導。再說，其他同事說不定會因為多了「事先確認」這個「額外的工作」增加，而感到不滿。

由於確認不足而引發疏失，這本身是再明顯不過的事，但思考其中是否潛藏著某種「問題」，是「批判性思考」的第一步。

・因為確認不足而招致疏失↓徹底確認，消除疏失（表面的邏輯思考）。

・因為確認不足而招致疏失↓改變模式，免於確認（真正的邏輯思考）。

若是用「徹底確認，消除疏失」的方式，只會以表面的邏輯結束。可是，消除疏失是理所當然要做到的。此時，若是更進一步思考，就會發現「改變工作模式或流程，做到無需經過確認也不會發生疏失」這點，在本質上更重要。

工作原本的目的是要「獲得好的成果」，而不是「不犯錯」。但若是為了「消滅疏失」而耗費時間、成本，不聚焦於重要的工作成果，反而是本末倒置了。

在此，讓我們再次確認：「批判性地思考」是**「進一步探究」理所當然會出現的答案、與理所當然在思考的事**。

或許也可以說成：對凡事「不要只看表面問題」。

批判性思考的3個基本態度

「那是真的嗎？」如果想要進一步探究理所當然會出現的答案、理所當然在思考的事，就要在平常養成「批判性思考」這三個基本態度。

①經常認知到目的為何
②意識到思考模式的框架
③持續發問（So What? Why So?）

①經常認知到目的為何

我們要經常認知到自己現在正在做什麼、接下來想做什麼，究竟目的是「為了什麼」。

舉例來說，如果是要去家附近的便利商店買牛奶，為了達成這個目的，即使不特地用大腦思考，應該也能做到「穿家居服，帶著錢包、手機和鑰匙出門」這個行為。

由於目的是去便利商店買牛奶，所以不會做出偏離這個「目的」的事，像是「花時間盛裝打扮，帶著旅行箱出門」。

但若是為了解決職場上的問題，則有一個案例是超乎眾人所料想、偏離原本目的的思考和行動。

這是某宅配披薩連鎖店的例子。

宅配披薩連鎖店B以「點餐後三十分鐘內，將剛烤好的熱騰騰披薩送到府」做為宣傳口號。然而，訂單多的時候，有些訂單來不及製作披薩與配送，花了三十

■圖2　三個基本態度

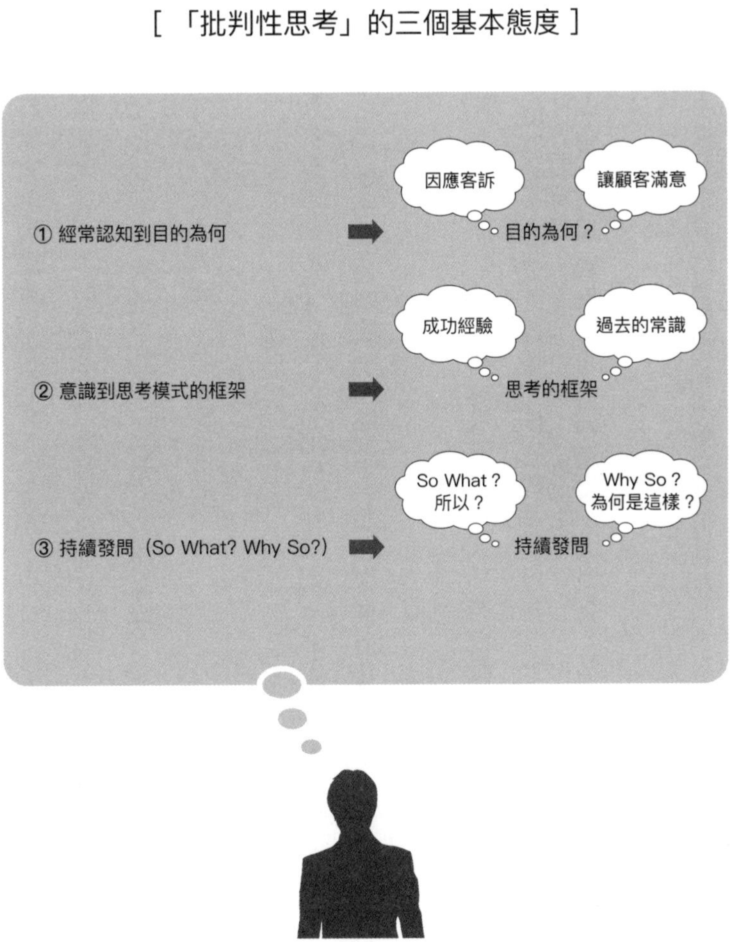
[「批判性思考」的三個基本態度]
① 經常認知到目的為何
因應客訴
讓顧客滿意
目的為何？
② 意識到思考模式的框架
成功經驗
過去的常識
思考的框架
③ 持續發問（So What? Why So?）
So What？
所以？
Why So？
為何是這樣？
持續發問

分鐘以上時間，只好辛苦地因應來自點餐客人的客訴。

於是，披薩店增加配送員，訂單多的披薩種類先烤好存放，需要花三十分鐘以上送到府時，贈送下次能夠使用的折扣券，但客訴還是沒有減少。員工也因為應付這種客訴而心生不滿，流動率高。

那麼，這間宅配披薩連鎖店原本的「目的」究竟為何？想減少客訴，但點餐的客人原本希望的不是「縮短所需時間」，而是「想在家裡自在地享用熱騰騰的美味披薩」。

倘若如此，宅配披薩連鎖店的目的就應該是「盡早將熱騰騰的美味披薩送到府」。為了達成這個目的，即使所需時間長一些，比起在三十分鐘內將冷掉的披薩送到府，在四十分鐘內將「熱騰騰的美味披薩」送到府，點餐客人的滿意度應該會比較高。

實際上，只要不被三十分鐘這個限制束縛，變更為在四十分鐘左右將熱騰騰披薩送到府這個做法之後，客訴幾乎都消失了。

也就是說，不要將三十分鐘內送到府做為目的，返回原本「熱騰騰的美味披薩」的目的之後，便消除了發生客訴的主要原因。

在職場上，常有人會像這樣把因應眼前的課題和問題當做「目的」。如果這成為日常常見狀況，任誰都不會對此抱持疑問。

然而請了解，**若從原本的目的去想，批判性地思考「這真的必要嗎？」就會明瞭，有時候即使消除原本的目的，也沒有問題**。例如前例三十分鐘內將熱騰騰披薩送到府，變更為四十分鐘送到府。

② 意識到思考模式的框架

入選為聯合國教科文組織無形文化遺產的「日本料理」，一直很受到矚目。

日本料理有著外形美觀、精緻用心、食材多樣、營養均衡、和全年節日密切相關等特點，其跨越世代、和日本文化融為一體的「飲食文化性」，受到全世界好評。

其中，過年不可缺少、裝在多層方盒裡的賞心悅目的「年菜」，儼然可說是日本料理的象徵物。

說到過年時吃的日本料理，就會想到裝在多層方盒的「年菜」。而想必也有許多人認為，這正是日本過年的傳統形式。

但是，下意識地存在我們思緒中的「過年＝多層方盒年菜＝傳統」這種思考模式，其實或許可能也「並非如此」。

據說現在我們所知的「年菜」，那絢爛華麗的「多層方盒年菜」，其實是在經濟高度成長的一九六〇年代時，經由對家庭主婦族群具有莫大影響力的婦女雜誌和電視料理節目介紹，而在一般家庭中普及傳開。

在那之前，一到過年，「年糕湯」是不可缺少的年菜，再來頂多是熬煮蔬菜，而裝滿魚類、肉類、蝦子、魚板、黑豆等精心料理的「多層方盒年菜」，並不怎麼普遍。

原本以大家庭為主體的生活形式，由於都市化而改變，誕生了所謂核心家庭的「新家庭」時，或許人們需要新的年菜。

反過來思考，由於有「年菜」這種飲食文化的存在，基於歸零發想，打破既定思考模式框架，打造的「現代新年菜」，或許即是我們如今在吃的「多層方盒年菜」。

我們也有可能認為，它就是日本的傳統過年料理。

在此，若透過「批判性思考」，針對即使是一般認為屬於日本傳統文化的多層方盒年菜，進行「真是如此嗎？」這種思考，就能發現原本看不到的觀點或看法。

不過我們在試圖做批判性思考時，有個東西會加以阻礙——那就是「思考框架」。我們平時在日常生活中，是會有意、無意將自己放在某種思考框架中。

過年要吃多層方盒年菜是日本傳統，這本身就是一種思考框架，而像是認為搭長程巴士移動比搭飛機累，也是一種思考框架。

如果自己心中有固定的思考框架，**不去一一思考、判斷，雖然輕鬆，但相反地，也經常因此會停留在「思考框架」中，而無法產生新的發想**，這點最好注意。

其實，話說回來，最近長程巴士也相當重視舒適性，越來越多長程巴士坐起來的舒適程度接近飛機商務艙或頭等艙的感覺。

擺脫「搭長程巴士很累」這種思考框架，提出新的價值，也就能被重視舒適性更勝於時間效率的乘客接受了。

■圖3　思考框架

［帶給我們「思考框架」的事物］

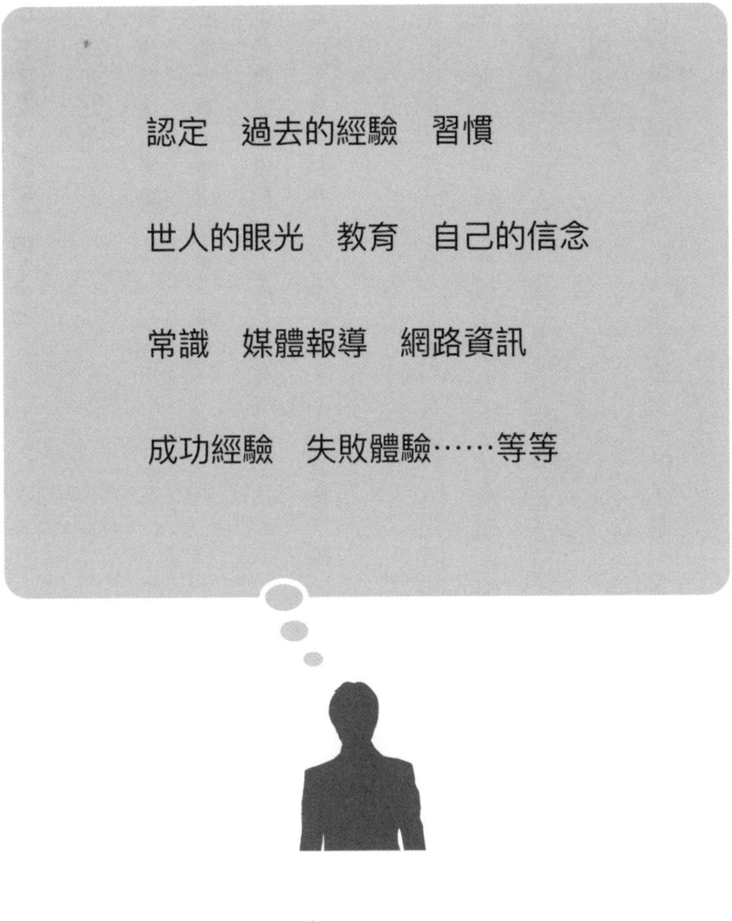
認定　過去的經驗　習慣
世人的眼光　教育　自己的信念
常識　媒體報導　網路資訊
成功經驗　失敗體驗……等等

③ 持續發問（So What? Why So?）

這是業務主管之間的對話——

「最近，沒有如預期達成業績。」

「如果不增加洽商次數，評價就會下降。」

「要是公司同意再稍微降價的話，產品就賣得出去了。」

「可是，努力賣也不會反映在獎金上的話，士氣就會下降。」

乍看之下，這是很合乎情理的對話，但若一直處於這種狀態，不深入思考就繼續做一樣的業務工作，到底能不能得到預期成果呢？任誰都會感到懷疑吧？

針對某個問題（進展不順利的事）談論時，聽的一方也要採取「批判性地聆聽」這種態度，這點很重要。

當快要變成彼此穿插牢騷或抱怨的「常見模式」時，請一定要試著進行批判性思考，加入「發問」。

「So What?（所以呢？）Why So?（為什麼是這樣？）」

在對話中穿插這兩個問題，能夠防止陷入「常見模式」。

讓我們試著再度於剛才的對話中穿插「發問」，側耳傾聽。

「最近，沒有如預期地達成業績。」→**業務流程中的哪個階段，進展不順利呢？So What?（所以呢？）**

「如果不增加洽商次數，評價就會下降。」→**為了獲得成果，真正重要的事是該做什麼？So What?（所以呢？）**

「要是公司同意再稍微降價的話，產品就賣得出去了。」→**降價多少，會提升多少銷售額呢？是否可具體地說？Why So?（為什麼是這樣？）**

「可是，努力賣也不會反映在獎金上的話，士氣就會下降。」→**改善獎金的哪個部分，產品會變得容易賣出呢？Why So?（為什麼是這樣？）**

光是從表面試圖解決「業績不佳」這個狀況，也只能「解決表面問題」。因為業績不佳，所以與增加洽商次數有「相關性」，但光是如此，並不能說是存在獲得成果的「因果關係」。

比起洽商次數，說不定洽商的內容和提案的方法更有問題，而話說回來，也可能是客戶清單評估錯誤。

或者，說不定產品本身對於顧客而言，沒什麼吸引力……

持續以「**So What?（所以呢？）Why So?（為什麼是這樣？）**」發問，挖掘表面下的各種事實，看見結構性的問題，才能掌握「什麼才是真正的問題」。

■圖4　持續發問

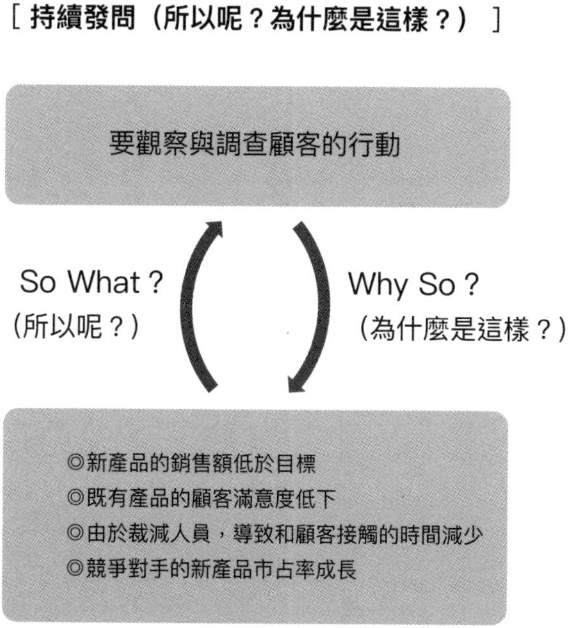
[持續發問（所以呢？為什麼是這樣？）]
要觀察與調查顧客的行動
So What？
（所以呢？）
Why So？
（為什麼是這樣？）
◎新產品的銷售額低於目標
◎既有產品的顧客滿意度低下
◎由於裁減人員，導致和顧客接觸的時間減少
◎競爭對手的新產品市占率成長

鍛鍊批判性思考的7個習慣

前面提到了面對眼前的問題和主題，必須做「批判性思考」的三個基本態度。

不過，除了在面對具體的問題和主題進行「批判性思考」，在下列各種日常生活情況中養成習慣這樣思考，將能夠更自然地深入思考。

［習慣①］刻意「具體地」對親近的人講述

和家人、戀人、朋友或同事說話時，你是否下意識地認定「對方懂你」，而感到心安呢？

舉例來說，假設親近的某個人說「我去便利商店買點東西」時，你拜託對方說：「順便幫我買個飲料。」

如果你拜託的對象是親近的人，或許彼此之間會有默契，對方會將「買個飲料

＝你喜歡的飲料」帶回來。但在一般情況下，要試著刻意具體地講述，不能說「買個飲料」，而是要說「我想提升幹勁，幫我買提神飲料」。

日常生活中，也不要採取「順便幫我買個飲料」這種「不具體」的說話方式，而是採取意識到「所以呢？」的說話方式，這能夠鍛鍊形成「批判式思考」的「思考肌力」。

【習慣②】不要「跟著大家做」

兩個年輕人進行了以下對話。

「你看了○○哥的臉書嗎？」

「看啦。可是，我看不太懂。」

「的確，那樣寫的話，根本看不懂他想表達什麼。不過，我按了『讚』。你沒按嗎？」

「明明看不懂他的意思，你還按『讚』嗎？」

「大家都按了。就跟著大家做，〇〇哥的心情會很好吧。」

你是否曾心想，「這麼一點小事，欸，算了」，就順著當下的情勢走向，觀察現場的氣氛，「跟著大家做」呢？

例如，眾人外出用餐，大家在想要點什麼時，有人率先說：「我要點今天的特餐。」於是其他人也說：「我也是！」

其實明明覺得別的餐比較好，但是忍不住跟著大家，人云亦云……

你或許會認為，不過是臉書的「讚」和餐點罷了，不必那麼深入思考，但是像這樣「跟著大家做」養成習慣之後，自己的選擇和行動的「根據」就會逐漸淡薄。

即使是小事，也不要輕易地「跟著大家做」。而且要去想「自己為何選擇這個」，思考這個選擇的理由，試著清楚地說出**「根據」**（即使沒有人在聽），這樣才是通往「批判性思考」之路。

【習慣③】從新聞標題中思考「別的事」

「國家協助未婚男女找到對象?! 討論設立『克服少子化危機基金』——」

數年前，這新聞成了話題。政府不僅使用國家資金，改善環境，以提升大家結婚、懷孕、生產、育兒的意願，更試圖提供婚姻的資訊和機會，給予協助。

這則新聞在各界引發了各種討論，像是「國家終於認真提出少子化對策」、「以稅金協助民眾找結婚對象未免太奇怪」等等。

「國家協助未婚男女找到對象」，十分像是資訊節目中會出現的標題，但這裡重要的不是只將此新聞「當做話題來看」，而是要試著對這則新聞進行批判性思考。

思考「So What?（所以呢？）Why So?（為什麼是這樣？）」，就會發現一些光看「國家協助未婚男女找到對象」這個標題時沒有察覺到的事。

話說回來，男女的相遇、結婚、生產等等，是個人的思考方式、意願和價值觀的問題，不該由國家主體推動。但為什麼政府還要特別設立「克服少子化危機基金」，試圖提供民眾邁向婚姻的資訊和機會，給予協助呢？

其實，在二〇一三年日本政府彙整的《厚生勞動白皮書——探究年輕人的意願》中，重新提到了不結婚、不戀愛的年輕人增加，認為是比少子化更嚴重的問題。

在結婚相關的意願方面，對於「有戀人或異性朋友嗎？」這個問題，62.2％的男性、51.6％的女性回答「沒有戀人，也沒有異性朋友」。

同時公布的「一生未婚率（到了五十歲，從未結婚的人）」，男性為20.1％、女性為10.6％，也就是說，若是「沒有戀人，也沒有異性朋友」這種年輕人的趨勢繼續下去，推測一生未婚率會進一步上升。

在此，請進一步思考「So What?（所以呢？）」↓一生未婚率高，會對國家帶來哪種問題呢？

在日本推動戰後復興的一九五〇年，男女的一生未婚率皆為1%左右，結婚的男女很多，出生率也高，年輕人口（0歲～14歲）占人口結構的比例也高達35.4%。

此時的年輕人口，就是所謂的「嬰兒潮世代」，成了後來日本高度經濟成長的原動力之一。

相對地，在二〇一二年，年輕人口（0歲～14歲）占人口結構的比例，僅僅13%。從這一點可以看出，今後日本的生產年齡人口（15歲～64歲）將會明顯減少。

少子高齡化的情形繼續下去的話，對年金、醫療、看護等社會保障體系和經濟體系所造成的影響甚鉅。

正因如此（雖然有實效性的問題），才會傳出國家不惜編列預算，試圖協助未婚男女找到對象、結婚、生育這種新聞。

像這樣針對日常聽到的新聞，做批判性地思考，會逐漸看見其背景、意義，或者別的其他觀點。

【習慣④】在衝動購買前思考

「這個好便宜，買吧！」

在偶然經過的商店中，看到其他店沒有打折的商品標示著「僅限今天六折」，你是否不禁心想「現在不買怎麼行」呢？

這其中，真正物有所值的商品，是有可能是因為某種原因而變便宜，但在衝動購買前，請先冷靜一下，批判性地思考：「對於自己而言，它是否真的『非買不可？』」

其實，若是「真正必要」的東西，說不定不管價格如何，你早就買了。假如不是偶然經過正在打折的店、就不會買的話，今後也有可能不會買。

這麼一思考，衝動購買的本質其實不是獲得那個「東西」本身這個目的，或許得到「便宜買到了（儘管還是花了錢）」這種滿足感才變成了目的。

心理學中，有種「錨定效應」（Anchoring Effect）。這是指某種特定的資訊或條件令人印象深刻，結果影響了之後的判斷或行動的心理效應。

舉例來說，假設A店和B店都陳列完全一樣的三千五百日圓餅乾禮盒。

A店主要是以賣一千日圓左右的餅乾為主，所以客人看到三千五百日圓的商品，會覺得「貴」。但是B店大多是賣價格在五千日圓上下的餅乾，看到三千五百日圓的餅乾禮盒，會覺得「便宜」。

仔細想想，無論在A店或B店買，三千五百日圓餅乾的價格和價值應該都一樣。但是，由於「錨定效應」，大家會覺得在B店買比較「划算」。

即使是日常購物，也請不要受到折扣價格所惑，請對照自己真正的目的，心想「這個真的非買不可嗎」？試著養成深入思考的習慣。

［習慣⑤］區分事實和意見

請看看接下來的句子中，有幾個「事實」？

「最近感冒大流行，所以有許多人戴口罩預防。」

正解是「零」。

話說回來，感冒大流行是怎麼一回事呢？醫學上沒有「感冒」這種疾病，只是為求方便而將病人向醫生訴說的「咳嗽」、「發燒」、「鼻塞」、「全身感到倦怠」等症狀，歸為「感冒」，實際上，這是病毒導致的症狀總稱。

因此，對於感冒在「流行」這個說法的前提，也就是「感冒」本身，若不弄清具體而言症狀是怎樣的話，要思考預防對策也很困難。

雖說是要「預防感冒」，但是症狀的範圍太廣，難以預防所有症狀。

「有許多人戴口罩」，也有可能只是碰巧在場的人們都戴口罩而已。光憑主觀的資訊，就可以斷定說「有許多人戴口罩」嗎？也就是說，「多」的定義模糊，難說是否真的多。

我們在和別人對話的過程中，常有這種狀況，若是進行批判性思考，儘管乍看之下，**感覺對方說的是「事實」，但其實常常不過是說話者的主觀「意見」罷了**。

當然，我們在跟親近的人閒聊時，即使「事實和意見」混雜，只要聊得開心是無妨。不過，一面有意識地區分「事實」和「意見」，一面聽對方說，將會有助於打造「批判性思考」的習慣。

【習慣⑥】試著成為蘇格拉底

無論是對自己或對他人，針對所有覺得正確的事、奇怪的事，若是都能加以發問，才是最卓越的人。

古希臘哲學家——蘇格拉底會對所有事情「提問」，一面釐清它的本質，一面提升自己。

這又稱為「蘇格拉底法（蘇格拉底問答法）」，此方法是指透過問題，試圖從自己或他人身上，引導出更佳的答案。

舉例來說，如果對方說「顧客滿意很重要」，我們可以試著問：「顧客滿意究竟是指什麼？」；如果有人說「背叛別人不好」，就試著問：「你覺得背叛是怎麼一回事？」

面對任何發言，都不要直接照單全收，而是試著設立某種「問題」。請試著運用蘇格拉底法，這也是通往批判性思考的捷徑。

[習慣⑦] 不要縱容模糊的用詞

以下是某上司和屬下的對話。

上司：「先前那件事還在進行嗎？」

屬下：「啊，那件事啊。應該算是進展得不錯。」

上司：「那麼，拜託請盡快完成。」

屬下：「是，我會再向您報告。」

這是常見的對話，但是，各位不覺得哪裡不對勁嗎？

上司以「先前那件事」發問，屬下「自認為曉得」上司在指哪件事，但兩人不見得真的在講同一件事。

此外，儘管屬下針對進度說「進展得不錯」，但也不曉得是不是一直都很順利，還是進展到某個程度，後來有發生什麼問題而停滯，上司也必須進一步確認。

上司也設定了「盡快」這個模糊的期限，沒有具體指示要在何時之前完成。屬下接下來的回答也是「我會再向您報告」，沒講清楚何時，以及報告何事。

像這樣一一批判性地思考，就會瞭解到「這樣是行不通的」，但是平常在對話的時候，常常即使邏輯上說不通，但也還能講得下去。

因此，若是在平時縱容模糊的用詞，在重要的時刻時，「進展不順利」這種結果就會出現在眼前。

第 3 堂課

邏輯性地發展

淺顯易懂地傳達的方法

告別沒有說服力的自己

本書前面主要談論如何在自己的腦中進行「邏輯思考」的思考方法和方式，接下來要介紹後續步驟。讓我們來學習一面使用邏輯思考，一面淺顯易懂地向對方傳達的方法吧。

這個人究竟想要說的是什麼呢？大家雖然知道他拚命想告訴我們些什麼，但還是聽不太懂重點在哪裡——「他想傳達的」到底是什麼？

舉例來說——

「我昨天看雜誌，想起來了。那間咖啡店的氣氛很棒，也曾經是電影的場景。我下週想去……」

若這是私下的對話，我們是有可能常以這種前文不對後語的方式說話。如果彼此是擁有共同資訊和經驗的朋友、家人、戀人，或許不會特別感到不對勁。

不過，若是工作上的對話，這種讓人聽不太懂的傳達方式是不行的。剛才的對話中，「看雜誌之後，想起來的是咖啡店？還是電影呢？」、「想去的是哪裡呢？」讓人似懂非懂。若是邏輯上的關係不清楚，對方就會聽不懂。

尤其是當「自己有非常想傳達的事」時，情緒會搶先一步，和講出的話之間一產生落差，就經常會令聽者跟不上說話者的步調，必須要注意。

若是夥伴之間的對話，對方或許會這麼說、或者心想：「我雖然不知道你想說什麼，但是我感受到了你的熱情。」然而，若是習慣了這種「前言不著後語的對話」模式，由於不必進行邏輯思考，就會在工作的對話或提案中，受到這種「平常的壞習慣」影響。

縱使能夠進行批判性思考，做到「深度洞察」，如果對方無法理解，進而產生共鳴，事情仍會進展得不順利，在工作上也無法獲得成果。**使用邏輯思考，淺顯易懂地傳達給對方，才能讓自己的想法更具說服力**。

各位學生和年輕上班族，請特別試著瞭解到「職場對話和一般對話在結構上不同」這一點。

職場上所需要的對話，基本上要具備下列四個要素。

「什麼事？（主題、論點）」

「想說什麼？（結論、意旨）」

「這麼說的理由為何？（根據）」

「必須要做什麼？（行動）」

請記得進行對話的大前提，是要把這些要素明確傳達出去。

「嗯，可是，我對於自己講話有沒有那麼大的說服力，沒有自信……」

各位或許會這麼想，但是不要緊，後面我會向各位介紹如何運用「說服力」這個工具。

Step 2 深入探究、傳達根據（因為～，所以那樣）

當為了傳達自己的想法、點子，而進行「批判性思考」，就會發現許多具有說服力的根據，像是「其實～，所以是這樣」。

由於發現根據的人（自己）已經在心中接受這些根據了，往往會很興奮地想：「原來是這樣啊！」容易情緒激動、想一口氣直接傳達。

舉例來說，能夠記錄汽車行駛時的影像和資料的「行車記錄器」，銷售量逐年增加。它原本的主要目的，是記錄計程車這類營業車輛遇上車禍等事故時的「證據」。但是，現在連一般自用車的車主，為了錄下車外的風景或跟朋友去兜風的樣子，好上傳到社群網站分享，因而安裝「行車記錄器」的人也越來越多。

假如各位從事汽車業務工作，想要以提升銷售額為目標的話，或許會想到：「好，那麼將行車記錄器做為免費安裝的選購物件，來招攬客人吧！」

這時候，要試著先停一下。

如同剛才說過的，如果是朋友之間的對話，即使一股腦地講，就算有聽不懂的地方，只要能夠獲得聽者的附和，那就沒問題，但在工作上就必須要邏輯性地發展「其實～所以是這樣」的內容，才能使事情進展順利。

也就是說，要**讓自己想傳達的根據搭配「說服力」這個工具**才行。

有邏輯性、且讓人容易理解的3個重點

我接下來要介紹的「說服力」這個工具，在很多職場上都經常會被拿來使用，以下是必須注意的幾個要點。

①邏輯上是否有疏漏？（廣度）

對於想傳達的訊息，其所根據的「事實和資訊」，要確認是否沒有疏漏或重複、是否確實備齊，以及是否涵蓋了所有對自己有利的「事實和資訊」，這點十分重要。

也就是說，要確認成為訊息根據的邏輯，是否有廣度。

② 是否挖掘地夠深入？（深度）

要分別以「So What?（所以呢？）Why So?（為什麼？）」對【成為課題的主題】↑↓【成為結論的關鍵訊息】↑↓【成為根據的事實和資訊】發問，進一步深度洞察。

③ 邏輯上是否合理？（跳躍）

即使乍看之下，邏輯是成立的，但在深度洞察時，要試著基於「到底是如何？」這個觀點，環顧整個邏輯，這個步驟也很重要。**反覆以「So What?（所以呢？）Why So?（為什麼是這樣？）」發問，確認有沒有邏輯跳躍。**

我們來試著用剛才「將『行車記錄器』做為免費安裝的選購物件，來招攬客人」這個點子，使用「說服力」這個工具（在此要活用下頁圖5：金字塔結構）

看看。

【成為課題的主題】

・免費行車記錄器是否能夠在銷售汽車時，用來招攬客人？

【成為結論的關鍵訊息】

・開著安裝行車記錄器的新車，無論兜風時或事後都樂趣無窮。

【成為根據的事實和資訊】

・因為安裝了行車記錄器，所以兜風時也放心。

・也能錄下跟朋友在車內的樣子，十分有趣。

・兜風時錄下車外風景影像成為回憶。

・行車記錄器的單價下降，所以大量進貨，成本也便宜。

■圖5　金字塔結構

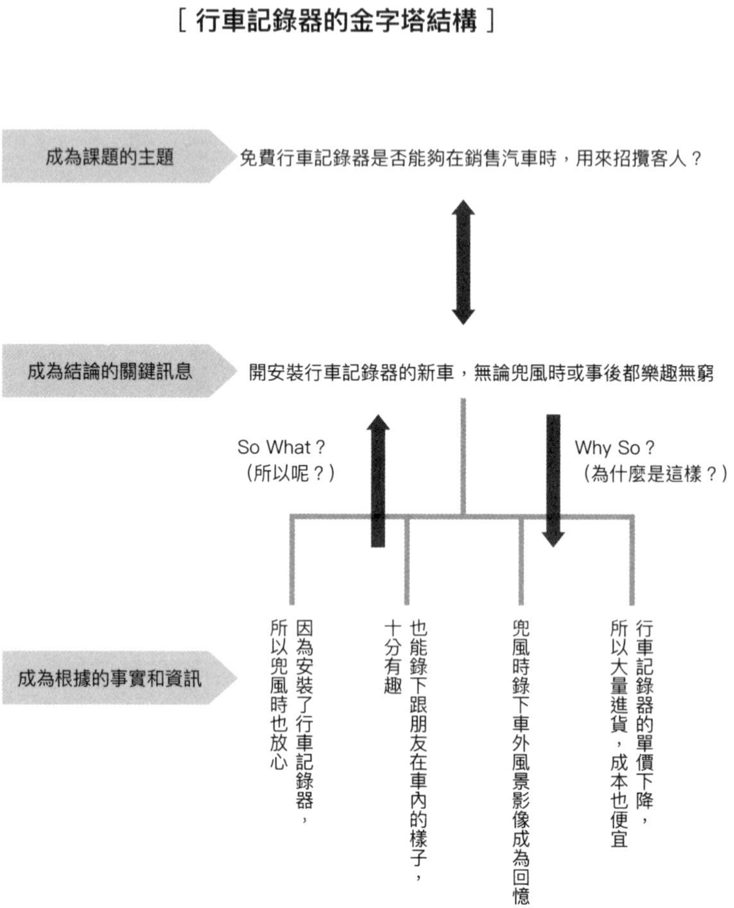
[行車記錄器的金字塔結構]
成為課題的主題
免費行車記錄器是否能夠在銷售汽車時，用來招攬客人？
成為結論的關鍵訊息
開安裝行車記錄器的新車，無論兜風時或事後都樂趣無窮
So What？
（所以呢？）
Why So？
（為什麼是這樣？）
成為根據的事實和資訊
因為安裝了行車記錄器，所以兜風時也放心
也能錄下跟朋友在車內的樣子，十分有趣
兜風時錄下車外風景影像成為回憶
行車記錄器的單價下降，所以大量進貨，成本也便宜

像這樣不是只把新車當作「交通工具」銷售，而是納入行車記錄器，傳達它具有兜風時炒熱氣氛的「娛樂要素」、能夠透過影像分享回憶的「資訊機器要素」，在銷售新車時，是有可能招攬到客人。

但僅提出「將『行車記錄器』做為免費安裝的選購物件，來招攬客人吧」，說服力很弱。各位到這裡是否已能瞭解，透過「說服力這個工具（金字塔結構）」邏輯性地發展，能夠強化說服力了呢？

邏輯性地發展時，不能做的事

「這一季最重要的是增加新產品的訂單。絕對必須達成目標。」

工作上「該做到的目標」經常像這樣被決定。可是，重要的新產品也常常「欠缺吸引力」、「難以讓人明白其優點」，這叫人怎樣達成目標？

話雖如此，也不能說「因為這個產品可能賣不掉，所以不賣」。

這確實是有點傷腦筋的狀況。

必須設法讓消費者購買覺得難賣的新產品。關鍵就在於「說服力」……

咦？可是，請等一下。

為了設法銷售原本「欠缺吸引力、難以讓人明白其優點」的商品，我們能使用「邏輯思考」，增加「說服力」嗎？

就結論而言，可以。

不過——就算增加「說服力」，讓消費者購買，也不能將「邏輯思考」用於「讓非事實的事看起來好像有事實的根據，淺顯易懂地傳達」。這會違反道德倫理。

一流飯店或餐廳因「食材標示造假」上了社會新聞，其實或許也可說是因為他們使用「邏輯思考」的方式錯誤，違反了道德倫理。

為了增加說服力，錯誤使用邏輯思考的例子

【成為課題的主題】

・能否將成本便宜的牛脂注入加工肉當成高級牛排賣呢？

【成為結論的關鍵訊息】

・「主廚推薦軟嫩的和牛牛排」

【成為根據的事實和資訊】

・軟嫩的牛排肉會令人產生高級肉的感覺

・將牛脂注入和牛的邊料所重組的牛排肉成本便宜

・重組加工的牛排肉，煎好的外觀和高級和牛牛排一模一樣

假如為了賣原本「欠缺吸引力、難以讓人明白其優點」的牛脂加工肉，基於對己方有利的「事實」和「資訊」，傳達有「說服力」且淺顯易懂的「主廚推薦軟嫩和牛牛排」這種訊息……

客人聽到、看到「和牛牛排」這個訊息，應該不會聯想到「是將牛脂注入的加工肉」。這麼一來，傳達的訊息和客人的期待之間，就會產生落差，出現「誤導消費者（讓商品看起來明顯比實際好）」的情況。

客人知道事實之後，當然會覺得自己「被騙了」、「被耍了」。

這時，必須注意的是，提供產品或服務的這一方，在**【成為根據的事實和資訊】**和**【成為結論的關鍵訊息】**之間，不可以有邏輯的跳躍。在這個案例中，明顯違反了道德倫理。

當然**【成為根據的事實和資訊】**的每項說法（重組加工的牛排肉煎好的外觀與和牛牛排一模一樣……等），應該是並非虛假。

然而，以「軟嫩的和牛牛排」向客人傳達這一點來看，就有違道德倫理了。這裡欠缺了「批判性思考」，像是「是否違反了禮品標示法等法律問題？」、「那種肉是否能夠被稱為牛排肉？」等等。

那麼，理解了注意要點之後，讓我們看看有哪些增進「說服力」的工具，可以幫助我們在進行「邏輯性的發展」、淺顯易懂地傳達，且運用熟練之後，事情能夠進展順利下去。

以「金字塔結構式」發展——在腦海中環顧

「我想提出一項以嶄新服務為主題的企畫案，在獲得相關人士同意後開始進行。」

「我想擬出一個重點主題，使得企畫案可以推動得更順利」

「我想讓眾人同意廢止某項規定。」

「我想向同仁傳達我想設定的業務目標，讓他們鼓起幹勁。」

在職場上，我們常會像這樣要設定各種主題和課題，並且要淺顯易懂、具有「說服力」地向眾人傳達「訊息」（想怎麼做？做什麼？）。

然而，若只在「腦海中」思考怎麼做才能達成目的，會很辛苦。越是困難的主題、複雜的課題，往往越會不斷出現各種想法。

若是過度思考，有時候會搞不懂自己現在究竟在針對什麼思考、思考到了何處。

這種時候，全盤**環顧所有在腦海中思考的事**，會比較好。

其實，有一種好用的工具，可以用來更具「說服力」地向對方傳達自己想做什麼，那就是**金字塔結構**。

金字塔結構是指：**如金字塔般堆疊邏輯，用來釐清訊息，並清楚傳達**。

使用金字塔結構傳達訊息（發展）時，有兩大優點。

首先，使邏輯結構「可視化」，確認自己堆疊了哪些事實和資訊、提出如何傳達訊息的方法。

也就是說，在腦海中思考的事像金字塔的石塊一樣「在眼前成形」，所以能夠以眼睛確認剛才所說的「邏輯是否合理？」這個注意事項。

而一一堆疊這些石塊，能夠看見整體金字塔是如何建構起來的。

另一個優點是，從接收訊息這一方的角度來看時，「這個想法是從哪裡產生的？」這點變得更明確後，就容易理解和贊同。

自己也不會因為以下這些問題：「看到什麼？如何思考？想傳達什麼？」而動搖或遲疑，以對方而言，也可以明白為什麼你會那麼說，溝通就會變得順暢無礙。

打造金字塔結構的方法

淺顯易懂並且具說服力地向對方傳達，看似簡單，其實很難。因此我們需要使用幫助溝通的工具，而在這些工具中，**金字塔結構**既淺顯易懂又具說服力，是最基本也最簡單的工具。

下頁圖6是金字塔結構的一個例子，最上方的**【關鍵訊息】**是想傳達的事。而下方就像是金字塔的石塊一樣，邏輯性地將支撐關鍵訊息的**【關鍵體系】**中的「思考」、「根據」和「方法」等配置在一起。

■圖6　機能性飲料市場的金字塔結構

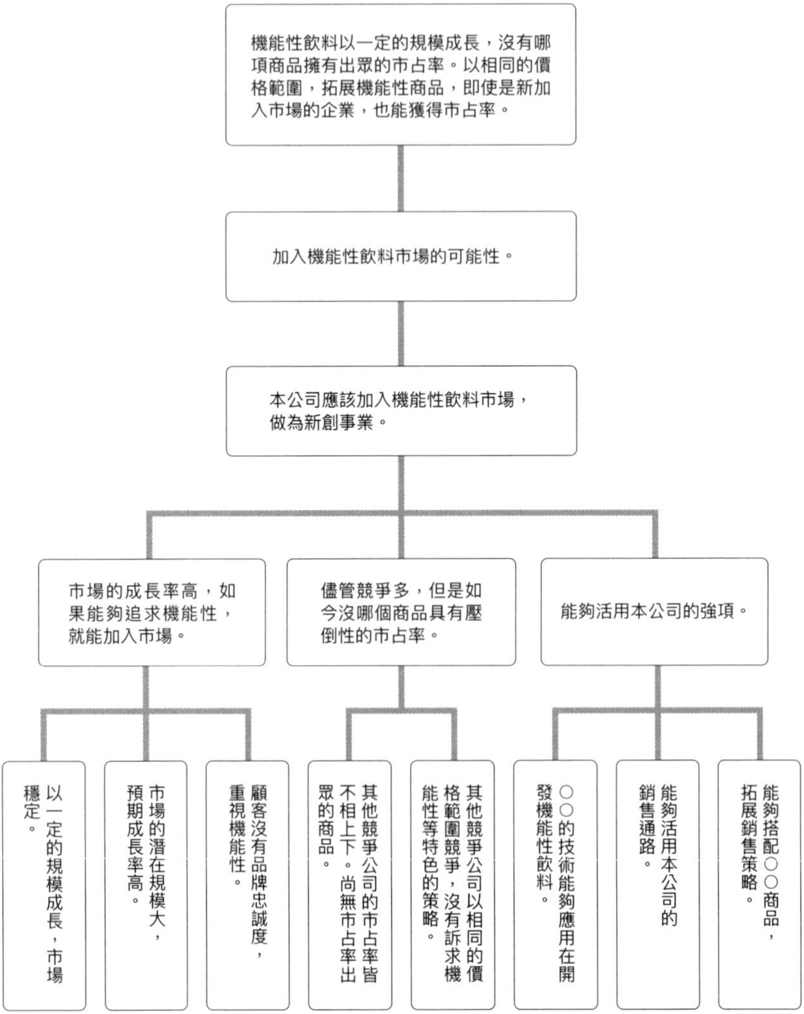
機能性飲料以一定的規模成長，沒有哪項商品擁有出眾的市占率。以相同的價格範圍，拓展機能性商品，即使是新加入市場的企業，也能獲得市占率。
加入機能性飲料市場的可能性。
本公司應該加入機能性飲料市場，做為新創事業。
市場的成長率高，如果能夠追求機能性，就能加入市場。
儘管競爭多，但是如今沒哪個商品具有壓倒性的市占率。
能夠活用本公司的強項。
以一定的規模成長，市場穩定。
市場的潛在規模大，預期成長率高。
顧客沒有品牌忠誠度，重視機能性。
其他競爭公司的市占率皆不相上下。尚無市占率出眾的商品。
其他競爭公司以相同的價格範圍競爭，沒有訴求機能性等特色的策略。
○○的技術能夠應用在開發機能性飲料。
能夠活用本公司的銷售通路。
能夠搭配○○商品，拓展銷售策略。

假如不使用金字塔結構的邏輯，試圖依照腦中所想、直接傳達「自己想講的事」，會如何呢？

沒有進行金字塔結構式發展的例子

【新服務的討論報告】

針對提出新服務進行了討論，特此報告。

・目前已擴大至△億圓左右的市場規模。
・預期今後可達一年10%左右的正成長。
・能夠期待新服務的收益率高於既有服務。
・已有新服務所需的專業知識。

・能夠提高我們的強項——對年輕使用者的影響力。
・其他競爭公司尚未參與新服務。
・參加公司內部新服務企畫競賽的成員當中，有不少優秀人才。
・新服務也能夠異業結盟，和網路媒體合作。
基於上述各點，我們認為應該推出新服務。

假設右邊這份文件，是上司指示為了「準備在下次的會議中，以新服務這個主題所做的報告」而寫。

乍看之下，是簡潔地條列彙整出來了，但為何能推論到「應該推出新服務」這個結論呢？其中有何種邏輯思考呢？各項事實之間有何種關聯呢？這些並未明確說明。

這樣可能就會讓上司認為「雖然你說得對，但是欠缺說服力」。

金字塔結構式發展的例子

那麼，讓我們試著使用這份報告的內容，打造金字塔結構，讓討論內容能夠更容易理解且具有說服力。

首先，若順著**【課題主題】**、**【關鍵訊息】**、**【關鍵體系（主要根據）】**，以「So What?（所以呢？）」、「Why So?（為什麼是這樣？）」深入思考，就會引導出下列要點。

【課題主題】

是否該推出新服務？

【關鍵訊息】

應該要如何具體推出新服務。

【關鍵體系（主要根據）】

A……市場的吸引力程度

「市場的成長率與潛在吸引力高，能夠預期在收益上有貢獻。」

- 目前已擴大至△億圓左右的市場規模。
- 預期今後可達一年10％左右的正成長。
- 能夠期待新服務的收益率高於既有服務。

B……競爭優勢性

「能夠沿用自家公司已有的專業知識，搶先從起跑點衝刺，獨占市場。」

- 已有新服務所需的專業知識。
- 能夠提高我們的強項——對年輕使用者的影響力。
- 其他競爭公司尚未參與新服務。

C……自家公司的狀況

「公司內外的合作體制完備，能夠在早期開始推出服務。」

- 參加公司內部新服務企畫競賽的成員當中，有不少優秀人才。
- 新服務也能夠異業結盟，和網路媒體合作。

若是以金字塔結構式來寫這份報告書，就會變成下頁圖7。用這種金字塔結構式地發展，就可以知道如何向對方清楚傳達這個【課題主題】，結論的【關鍵訊息】和引導出這個結論的「思考和根據」，也會變得明確。

比起只是單純地羅列事實、資訊和想到的事，以金字塔結構來寫的報告會更加「容易理解」、更具「說服力」。

■圖7　新服務的金字塔結構

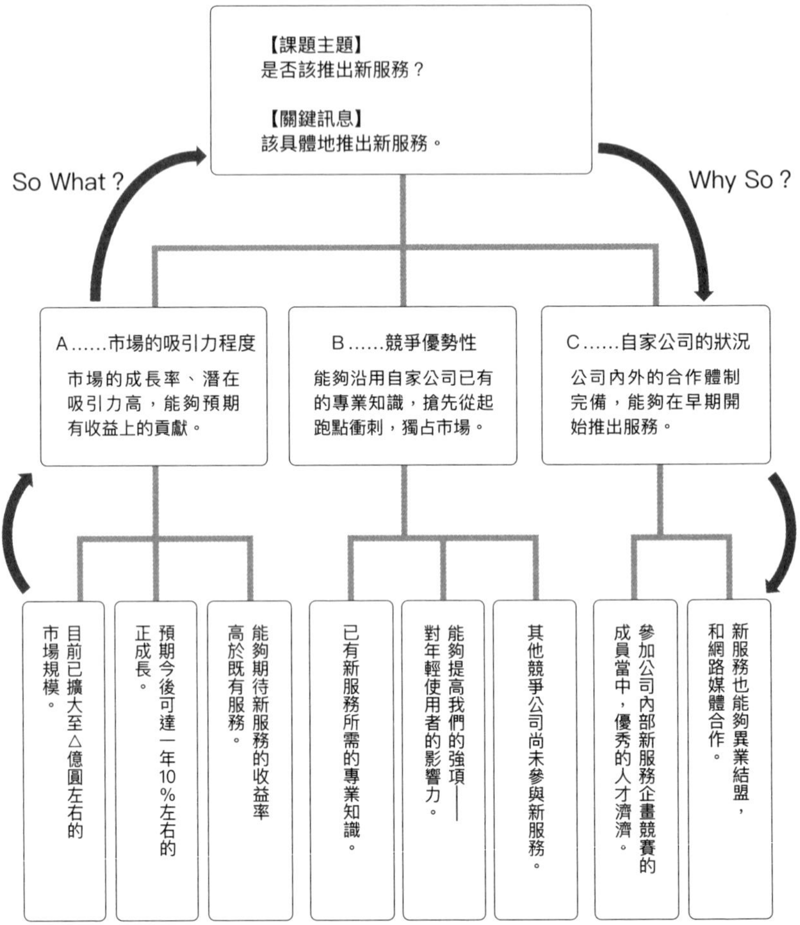
【課題主題】
是否該推出新服務？
【關鍵訊息】
該具體地推出新服務。
So What？
Why So？
A……市場的吸引力程度
市場的成長率、潛在吸引力高，能夠預期有收益上的貢獻。
B……競爭優勢性
能夠沿用自家公司已有的專業知識，搶先從起跑點衝刺，獨占市場。
C……自家公司的狀況
公司內外的合作體制完備，能夠在早期開始推出服務。
目前已擴大至△億圓左右的市場規模。
預期今後可達一年10%左右的正成長。
能夠期待新服務的收益率高於既有服務。
已有新服務所需的專業知識。
能夠提高我們的強項——對年輕使用者的影響力。
其他競爭公司尚未參與新服務。
參加公司內部新服務企畫競賽的成員當中，優秀的人才濟濟。
新服務也能夠異業結盟，和網路媒體合作。

以金字塔結構發展時的步驟

Step ① 決定課題主題

確定明確的「課題主題」，針對該內容思考。

Step ② 思考邏輯的框架

剛才的例子中，課題主題為「是否該推出新服務？」，因此用分析事業環境的架構——3C（市場、競爭者、自家公司）分組。

Step ③ 釐清思緒

以「So What?（所以呢？）」思考，深入挖掘，以訊息顯示其中的意義。

Step ④ 釐清根據

透過「Why So?（為什麼是這樣？）」這個問題，確認訊息的邏輯根據。

金字塔結構的檢查重點

- 結論是否有回答了所提出的問題。
- 在橫向呈現MECE（沒有疏漏或重複）的關係。
- 在縱向呈現「So What?（**所以呢？**）Why So?（**為什麼是這樣？**）」的關係。

意識到MECE

金字塔結構中，做為【關鍵體系（主要根據）】所顯示出來的就是MECE，**也就是要沒有疏漏或重複分組**，這點很重要。

為什麼呢？在剛才「是否該推出新服務？」這個課題主題的金字塔結構中，是以「A……市場的吸引力程度」、「B……競爭優勢性」、「C……自家公司的狀況」這三組分別檢視其邏輯性。

因為在這時，分組的做法本身若有「疏漏或重複」，哪怕好不容易釐清根據、已有明確的訊息，還是會發生邏輯的跳躍或缺漏。

在思考「是否該推出新服務？」時，該事業的環境會是一個重要的影響因素。

因此，在這個案例中，我使用了分析事業環境的架構——３Ｃ：「市場（Customer）」、「競爭者（Competitor）」、「自家公司（Company）」來分組。假如這個分組變成「市場」、「重度使用者」、「自家公司」的話，分析就會在「重度使用者」這部分跟「市場」重複，而且針對「競爭者」的分析會發生疏漏。

如果進行的邏輯推論有疏漏或重複，即使內容本身使用金字塔結構，再怎麼淺顯易懂，也不能說是適當的邏輯思考。

MECE是Mutually Exclusive and Collectively Exhaustive的簡稱。

意思是「相互排他且其總和包括一切」，但是在邏輯思考方面，我會採用「沒有疏漏或重複」這種比較淺顯易懂的說法。

在做邏輯思考時，我們容易碰上「該思考什麼、到何種地步才好？」這個疑問，這時透過ＭＥＣＥ方法，就能夠沒有疏漏或重複地進行邏輯思考。

■圖8　MECE的分析例子

MECE

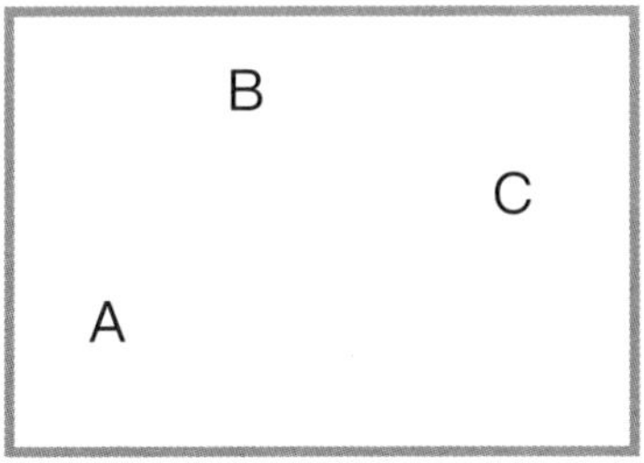

例）30歲以下的年輕人
A：0歲～10歲
B：11歲～20歲
C：21歲～30歲

非MECE

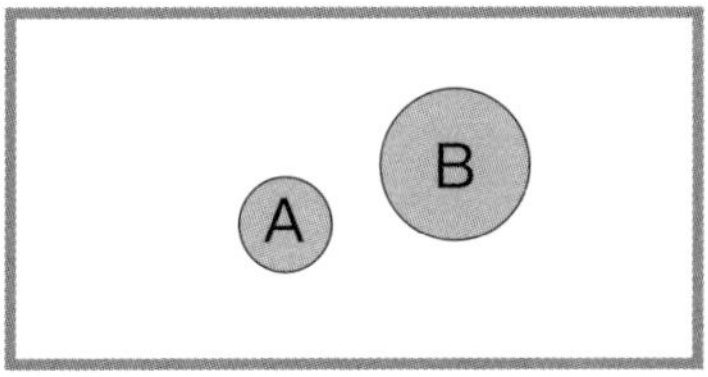

例）整體：料理
A：日本料理
B：西餐

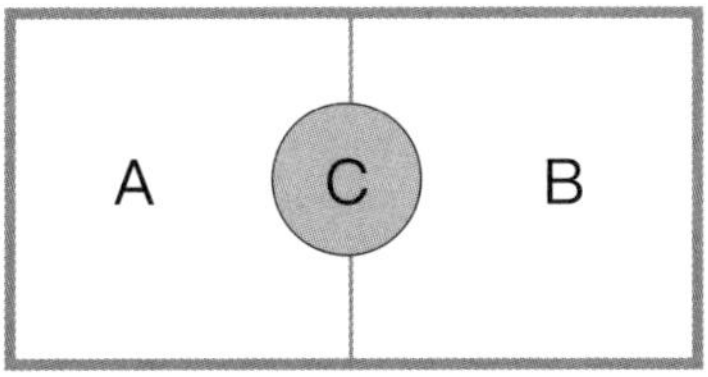

例）整體：女性
A：單身女性
B：已婚女性
C：粉領族

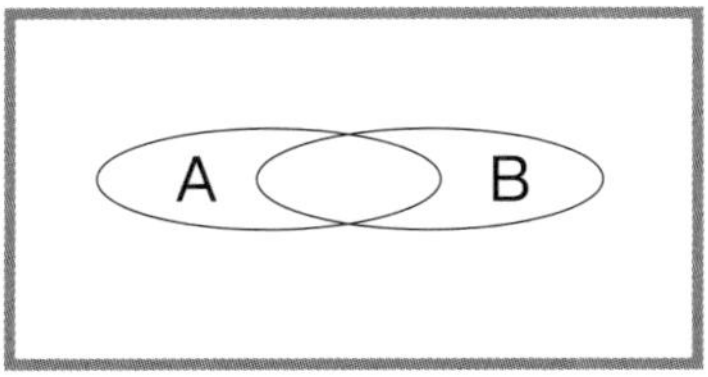

例）整體：公司的所有員工
A：搭電車通勤的員工
B：搭公車通勤的員工

那麼，該從哪裡開始、如何思考才好？

雖說知道使用金字塔結構，採取「淺顯易懂」、有「說服力」的方式向對方傳達很重要，但要提出「課題主題」和「關鍵訊息」，該從哪裡開始、如何思考才好呢？

像這樣卡在要用什麼「思考方式」時，可以使用**「演繹法」**和**「歸納法」**這兩種幫助思考的工具。

試著使用「演繹法」

看到「演繹法」這個名稱，各位或或許會覺得「好像很困難」，但其實它是我們在日常生活中常自然而然使用的思考法。

【前提規則（大前提）】↓【深入探究（小前提）】↓【結論行動】

舉例來說——

「雨天電車經常誤點。」【前提條件（大前提）】

「今天從早上就下大雨。」【深入探究（小前提）】

「比平常更早出門吧。」【結論行動】

像這樣使用「演繹法」思考的特點是，一定會出現對於【前提條件（大前提）】而言，有意義的【結論】。

這是一種將其他資訊和一開始想到的【前提條件（大前提）】組合、從中提出結論的思考法，又稱為「三段論法」。

各位或許也曾在哪裡看過、聽過這種論法。以下是一個有名的「三段論法」。

「所有人都會死。」【前提條件（大前提）】

「蘇格拉底是人。」【深入探究（小前提）】

「因此，蘇格拉底會死。」【結論】

若在企業職場上，我們可以試著使用「演繹法」，得出「結論」的訊息——

「智慧型手機的普及率將近50%。」【前提條件（大前提）】

「有許多人在電車上也使用智慧型手機。」【深入探究（小前提）】

「讓我們公司網站也做個手機版吧。」【結論行動】

不過，使用演繹法時，必須注意一件事。

假如【前提條件（大前提）】從一開始就錯了，或者加入評估錯誤的【深入探究（小前提）】，往往就會得出乍看之下正確，但實則錯誤的【結論、行動】。

舉例來說——

「音樂迷減少了。」【前提條件（大前提）】

「音樂ＣＤ的銷售額減少了。」【深入探究（小前提）】

「停止音樂相關的企畫吧。」【結論行動】

在此，「音樂ＣＤ的銷售額減少了」是事實，但並非所有音樂相關內容的銷售額都減少了。國際知名藝人來國內巡演，演唱會門票秒殺並不稀奇，所以未必能說「音樂迷減少了」。

但是，若是下了「停止音樂相關的企畫吧」這個結論，就會錯失商機。

因此，使用「演繹法」思考，也會考驗各位將何者做為【前提條件（大前提）】和【深入探究（小前提）】的能力。

想進行嶄新的思考時

針對某個問題一直思考，但是完全想不到好的解決方法時，「演繹法」這時就派得上用場。

「演繹法」依何者做為【前提條件（大前提）】和【深入探究（小前提）】而定，所產生的【結論行動】會因此截然不同，但如果妥善使用其特質，會有意想不到的想法產生。

讓我舉一個例子。最近，日本新幹線的安全考量和效率性受到好評，車輛和系統也開始出口至世界各國。

但其實新幹線曾經遇到過問題——為了從高架線獲得動力（電力），必須在車頂安裝集電弓（集電裝置）。可是新幹線乃是以最高時速三百公里行駛，是無法避免集電弓產生風切聲這種噪音（你是否聽過「咻咻」那種聲音呢？）。

尤其日本有著特有的國土狹窄問題，高速行駛於住宅旁邊的新幹線，噪音標準是世界最嚴格的，必須抑制於75分貝以下。這是一般吸塵器的噪音程度。

由於集電弓從車頂突出，所以越高速行駛，空氣抗阻越大，相對地就會產生巨大的空氣漩渦，造成噪音。

為了解決這個長年的問題，必須使用和之前截然不同的前提，思考解決之道。因此，做為【前提條件（大前提）】的就是「猛禽類瞄準獵物時，是飛得迅速又安靜」。

其中，特別受到矚目的是貓頭鷹。貓頭鷹的翅膀上有獨特、纖細的鋸齒狀羽毛，能夠防止空氣中產生小漩渦形成產生聲音的巨大空氣漩渦，因此牠能不發出振翅聲地靠近獵物。

新幹線於是將模仿貓頭鷹翅膀的鋸齒狀構造，安裝於新開發的新幹線集電弓上，就成功地將噪音抑制於標準值以下。

「猛禽類瞄準獵物時，是飛得迅速又安靜。」【前提條件（大前提）】
「貓頭鷹的翅膀有秘密。」【深入探究（小前提）】
「做成模仿貓頭鷹翅膀的構造吧。」【結論行動】

各位或許會覺得，為了解決新幹線的噪音問題，將自然界生物的構造和資訊做為【前提條件（大前提）】，簡直是異想天開，但這種發想法稱為「類推法（Synectics）」，經常為人所使用。

進行有趣的發想時，不要光是發想就結束，而是要使用「演繹法」的思考邏輯，就能做成實際上「能夠運用的東西」。

試著使用「歸納法」

「歸納法」的思考法，也跟「演繹法」類似，並不困難，在演講、提案等場合經常會被拿來使用。

【多個事實、狀況】↓【深入探究類似性】↓【推論（結論）】

舉例來說：

「各家便利商店的現煮咖啡廣受歡迎。」【多個事實、狀況】
「即使是不同行業的店舖，也提供現煮咖啡，招攬客人。」【深入探究類似性】
「現煮咖啡成為招攬客人的武器。」【推論（結論）】

假如要向原本不是「咖啡店」行業的店家，如日本料理店或書店，以強化招攬客人能力為主題，提案引進「現煮咖啡」做為吸引客人的新武器，就能像這樣使用「歸納法」思考。

收集各種資料、從中發現類似的要素，然後推論出結論（思考提案的內容等等），這種方法你我應該都不陌生。

若在職場上，可以試著使用「歸納法」，擷取成為「推論（結論）」的訊息：

「記事本上行事曆一目了然的人業績高。」【多個事實、狀況】

「能夠立刻回答何時會去做的人業績高。」【多個事實、狀況】

「業績高的人擅長時間管理。」【深入探究類似性】

「學習時間管理，有助於提升業績。」【推論（結論）】

使用「歸納法」，引導出【推論（結論）】時，最重要的是觀察力和想像力。**假如世上有什麼正在流行的【多個事實、狀況】，要隨時注意去【深入探究類似性】，觀察其中是否有什麼類似性。**

然後發揮想像力，提出「若是如此，是否能夠這麼說？」這種【推論（結論）】，就能夠容易產生新的發想。

此外，透過歸納法進行【深入探究類似性】時，因為按照個人的「著眼點」不同，所做出的【推論（結論）】當然會出現不同的差異。

從剛才的「業績高的人共通之處」這個【深入探究類似性】，有的人引導出「學習時間管理的重要性」，有的人則或許會想到開發「提升業績的時間管理App」。

從哪裡說起，才有說服力？

雖然想要向對方傳達什麼，但總是不知「該從哪裡說起才好」而煩惱；沒有充分討論就開始說起，說到一半岔題，或者話題不知道講到了哪裡……

我彷彿聽見了有人說自己經常如此。要「淺顯易懂」且具「說服力」地向對方傳達，除了思考法之外，「說話方式」也很重要。

各位平常有多常留意到自己的「說話方式」呢？

邏輯思考是為了讓對方「接收到」我們的思考內容，而實際在講的時候，要運用的則是「基於邏輯思考的說話方式」。

對方能夠接收到的說話方式，和對方接收不到的說話方式

各位是否認為，對方是否能接收到內容，關鍵就在於「話術」和「擅長說話」呢？

我們很容易認為「那個人有三寸不爛之舌，真好」、「自己口拙，真吃虧」，忍不住將與生俱來的說話天份、不擅長說話，做為「對方接收不到內容」的理由，但是事實並非如此。

其實，任誰只要進行邏輯思考，都能做到「確實地向對方傳達自己想傳達的內容」這種說話方式。

那麼，**說到何者掌握了「對方能否接收到」的關鍵，就在於說話的順序**。

若以邏輯上正確的順序傳達自己的「意見」、「期望的事」，讓對方說出「那個意見很好」、「我瞭解了」的機率就會戲劇性地提升。

話說回來，對方之所以「接收不到」你說的事，是因為欠缺下列四個要素，或者弄錯了講的順序。

對方在邏輯上接收不到內容的理由：

①不曉得內容的「主題」是什麼，你在說什麼呢？

②不曉得「結論」是什麼，你最想說的是什麼？

③不曉得「根據」是什麼，你是基於什麼事實和解釋在說的？

④不曉得「行動」是什麼，所以你希望我怎麼做（你要怎麼做）？

如何？對方之所以接收不到內容，不是因為你口拙，**而是因為你無法以對方能夠接收到的順序，講出「主題」↓「結論」↓「根據」↓「行動」這四個要素。**

換言之：

「你是針對什麼在講？」↓「你究竟想說什麼？」↓「你基於哪種根據，能夠這麼說？」↓「所以，你想怎麼做（希望我怎麼做）？」

以這四個順序來講述，就能夠解決「對方接收不到內容」這個問題。

讓我們用例子來比較職場上這兩種「說話方式」。

對方接收不到的說話方式

「為了提升效率，我認為需要雲端服務。我推薦D公司的服務。我個人最近也在使用。」

這樣表達，只會強調自己個人在使用D公司的雲端服務。你講述的對象並不知道你究竟想說什麼？結論是什麼？該怎麼做才好？

對方能夠接收到的說話方式

「關於在製作部門引進共用的雲端服務一事。」（主題）

「我認為D公司的雲端服務最適合。」（結論）

「因為它免費，而且儲存容量大，安全性也高，能夠提升備份等工作的效率。」（根據）

「如果您同意的話，我想馬上準備引進。」（行動）

以邏輯性的順序講述四個要素，「對方接收到的方式」和「說服力」都會截然不同。

「沒問題」才怪

目前為止，本書都在講如何使用邏輯思考、如何有「邏輯性且淺顯易懂」地向對方傳達想法的思考法和說話方式。

其實，在工作場合中向對方「傳達」時，有**「5個NG用語」**，若是不小心摻雜在說話過程中就不太好，讓我一併告訴大家。

若是摻雜這些NG用語（這些還不是全部），邏輯性的內容就會變得沒什麼邏輯性，必須注意。

NG用語①

「我個人……」

傳達「我是這麼認為」的這種意見很重要，然而，要在職場中，讓對方認同，或者趨身向前說「這個意見很好」，必須要附上客觀的理由做「根據」才行。

在某些情況下，我們很容易省略做為「根據」的客觀理由，而採取「我個人認為沒有問題」這種說法。

客觀且具體講述這點很重要，像是**「根據探究的結果，我認為沒問題」**。

NG用語 2

「不要」

這樣是很清楚表達意思沒錯，對方也會確實接收到「No」這個意思。但這麼一來，等於是小孩子在耍性子。如果對方接收不到為何「No」的理由，就會不知道該怎麼做才好。

「我不要採取這種推動方式。您不覺得有點奇怪嗎？」

當想這麼說時，請務必在說話之前，要具體講明自己覺得哪個部分有什麼問題、其根據，以及自己想怎麼做。

NG用語③
「我知道了」

如果真的「知道了」，或許無妨，但是如果不想同意對方所講的（對方提出的卻是正確主張等等）時，你是否經常忍不住這麼說呢？

「遲到不好唷。」
「我知道了。」

確實，沒什麼人認為「遲到是好事」而遲到，所以回應「我知道了」好像也成立，但在這種狀況下，對方想確認的應該是「以後要怎麼做」。

所以，最好採取具體的說法，像是**「我知道自己為什麼會遲到的原因，明天起會改善」**。

NG用語④

「那我問您」

當自己無法接受對方所說的事時，各位是否不想回答對方的發問，而是反問「那我問您」呢？

「我希望你再指定兩名企畫案人員。」

「那我問您，您知道我們小組的人力也很吃緊嗎？」

這種情況下，至少先確認對方為何想追加成員，確認理由之後，或許對方是要「在企畫案的最後階段，追加兩名成員一週而已」。

所以，不回答對方的發問，逕自進行反駁或反問，並不是邏輯性的對話。

NG用語⑤ 「沒問題」

這句話經常在很多場合無意間地被用到。

資深員工要是問你「要不要開會？還是等一下？」時，你若回答「沒問題」，對方就會搞不懂你心裡想的是「不開會也沒問題」、「要開會，但等一下的時間沒問題」，或者「不想和他開會，所以沒什麼問題要開會」。

或許你是因為「不想講出真心話」，所以刻意說「沒問題」，但若使用只有自己才懂的模糊用語，就會遠離邏輯思考，需要注意。

第 4 堂課

批判性地發想

那個意見很好

擺脫和眾人一樣的發想

終於到了「邏輯思考」中三個思考行為步驟的最後一個步驟了。本書前面已講到過要做「批判性地發想」，擁有「自己的意見和提案」。

各位是否已能夠自行探入挖掘「前提」，弄清為何能夠那麼說明的「根據」，傳達只有自己獨有的深入洞見，讓對方說「那個意見很好」了呢？

不過，就算學會了「邏輯思考」，能夠以正確的資訊為前提、弄清某項資訊產生的根據，但如果沒有最後關鍵**的「結論」和「行動」，所輸出的想法是無法吸引人，對方也就不會說出「那個意見很好」**。

請各位試著回想本書一開始介紹過的案例：K先生在結婚紀念日送項鍊給妻子這個「輸出」的想法，但是妻子並不十分開心。

「飾品是女性喜愛的禮物排行榜前幾名。」【前提條件】

「妻子上網查看項鍊。」【深入探究】

「在結婚紀念日送給妻子，給她一個驚喜吧。」【結論行動】

K先生進行了「演繹法」的邏輯思考，他的思考和行動在邏輯上並沒有錯。可是他之所以無法令妻子開心，主要原因是輸入的發想＝【前提條件】，根本不是批判性的發想。因此，沒有產生令妻子感動、切中要點的輸出＝【結論行動】。換句話說，**這並不是「K先生獨特的發想」，因此無法感動妻子**。

「在結婚紀念日送女性喜愛的項鍊」這個發想，即使不是K先生，一般人也想得到。這當中沒有K先生思考「究竟妻子想要什麼」這個批判性的發想。也就是說，這裡遺漏了「K先生獨特的發想」。

為了讓對方說出「那個意見很好」，必須發想出如何引導出對方心聲（位於內心深層的真正心情、感情）。為了做到這一點，我們必須從發想本身進行「批判性思考」，從中輸出結論和行動。

Step 3 擁有自己的深入意見（那個意見很好）

要想從發想本身進行「批判性思考」，不能只是著眼於眼前的課題和主題、煩惱著「該怎麼辦？」，這樣是沒有用的。

因此，建議各位運用「點子發想法」，試著更深入地發想。

說到「點子發想法」，或許大家會覺得那是從事創新工作的人在運用的技巧，但其實不然。「點子發想法」在我們的日常生活或工作場合等等，都派得上用場。

舉例來說，假設朋友拜託我在他的婚禮後的續攤派對中擔任主持人。我會心想：該怎麼辦呢？必須讓所有人 High 起來才行……

感到些許壓力的我，雖然上網查了資料，或者到書店找了《當主持人的訣竅》之類的書，但是全都是老套，心裡想著這個請託看起來還真是困難，不知道「該怎麼辦才好」，越來越不知所措。

「還是請朋友找其他人擔任主持人吧。」

當我正想要放棄時，恰巧看到某個電視綜藝節目，節目中在玩一般人（路人甲乙丙丁）給攝影棚內的藝人提示，猜自己在模仿誰的遊戲。

（如果讓參加派對的人擔任主持人，我就輕鬆了。這樣太棒了！）

想到這個點子的那一瞬間，我心想「就這個！」，靈光乍現，想到自己不必整場全部主持，而是依序將麥克風遞給參加續攤的人，讓他們當場玩猜謎遊戲兼自我介紹，既能炒熱氣氛，自己也輕鬆。

我告訴即將要結婚的朋友這個點子，他說：「這個點子很好。」

各位也是會在日常生活中做這類的發想。而在為數眾多的點子發想法當中，有一種被稱為**「等價交換法」**的方法，建議大家可以試著運用看看。

使用等價交換法

依照以下四個步驟，具體地思考：

①設定成為對象的主題。

②尋找可以和該對象等價交換（擁有類似的性質、作用等）的事物。

③將等價的事物置換為主題，試著從中發想。

④使用③中出現的發想，針對原本的主題思考。

若是將這個方法套用在剛才的「要在婚禮續攤派對中，擔任怎樣的主持人」這個主題：

①「擔任婚禮續攤的主持人。」（主題）

②「路人甲乙丙丁出題的綜藝節目。」（等價）

③「若是路人甲乙丙丁出題，既不可預測又有趣。」（發想）

④「請婚禮續攤派對的參加者出題，讓大家來猜，減輕主持人負擔的同時，又能炒熱氣氛。」（從原本的主題發想）

就是這麼一回事。

假如被「擔任婚禮續攤派對主持人」這個思考框架給限制住，一直往這方向思考，也只會出現類似的發想。但若置換為類似的性質或作用的主題，試著使用它發想，就能產生新的點子。

試著進行一個人的腦力激盪

為了提出點子，眾人經常一同「進行腦力激盪」。這麼做的目的是藉由好幾個人進行腦力激盪，產生各種觀點與想法。這讓一般人容易以為「腦力激盪＝眾人一起才能做的事」，但其實自己一個人也能進行腦力激盪。

話說回來，腦力激盪的原文是 Brainstorming。原本英文「Brainstorm」這個字當中，具有「靈光乍現」的意思，但並不一定必須是好幾個人才能進行。

重點應該是：**拓展新的發想，設定觸動靈光乍現的適當問題，展開腦力激盪。**這是由於人們在毫無框架的自由狀態下，反而會發生無法自由發想這種矛盾。

舉例來說，以日式零食為主要產品的食品企業經營者說：「該發展哪種領域，做為新事業才好呢？我希望你自由發想。」你會產生何種點子呢？即使對方要你自由發想，但是因為範圍太大，反而想不出來什麼點子吧？

那麼，假如經營者是說：「能不能發想出連大人也愛吃的日式零食呢？」那又會如何？應該會出現各種點子吧，像是「適合下酒的大人風日式零食」、「日式零食附贈大人愛收集的食玩」等等。

也就是說，比起在漫無邊際的「自由」狀況下思考，若有促進發想的獨創性且具體性的「問題框架」，反而能夠自由地進行腦力激盪。

最重要的是，我們是否能夠透過批判性的發想，在一開始就設定最佳的問題，使自己能進行高品質的腦力激盪。

這既非在已有的「箱子」中思考，也不是在毫無箱子的狀態下思考，而是準備「新的箱子」，試著在其中思考。

如果能夠準備「新的箱子」，設定適當的問題，自己一個人也能針對需要輸出想法的主題，排除「做得到、做不到」這個框架，自由地提出各種意見和點子。

進行腦力激盪時，請遵守下列五個規則，這樣會比較容易產生批判性的發想：

①設定適當的問題（促使發想的新箱子）。

②不批判任何想法或點子，提出結論（禁止批判）。

③任何粗略的發想都可以，無拘無束（自由隨性）。

④完成度和品質不重要，重要的是提出大量的想法或點子（量更勝於質）。

⑤使用產出的想法或發想，進一步地發展發想（發展發想）。

最後將腦力激盪的目的與主題對照，鎖定覺得「這個也許能用」的點子，進行發想與「具體討論」。

請試著從結果開始往前推，思考值得進行「具體討論」、可能實現並且有趣的點子。以此發想，就會產生基礎是「具有批判性（具有深度洞察）且問題適當」的腦力激盪。

從促使發想的新箱子（適當的問題）進行腦力激盪發想的例子

「對於智慧型手機的使用者而言，在不熟悉之下會產生壓力的事有哪些？」

- 智慧型手機一下子就沒電。
- 即使沒有連接充電線，也能夠透過電波自行充電就好了。
- 附上定額充電的方案，不用擔心電池沒電的智慧型手機……

化身為他人思考

大家吃過便利商店的常態熱門商品「中華涼麵」嗎？

說到「中華涼麵」，印象中它只有在盛夏炎熱時期才會熱賣。但各位知道嗎？其實在盛夏之外的季節，「中華涼麵」也很暢銷。

一到夏季，街上的中餐館就會張貼「中華涼麵開賣了」的海報，其他季節，它幾乎會從菜單上消失。

但為何在便利商店，除了寒冬之外，春季、夏季、秋季都能將「中華涼麵」上架販售呢？說到便利商店，它們就像是高效率經營的象徵，應該不會陳列「賣不動的商品」。其中是否有暢銷的秘密呢？

其實，日本最大型的便利商店——7－11，會依照季節改變「中華涼麵」的湯汁口味，在店內推出。

春寒料峭的季節是「口味濃醇的湯汁」、盛夏時期是能夠感到涼爽的「酸味湯汁」、稍有涼意的秋季是「微甜的湯汁」，同樣是「中華涼麵」，但是依照季節變換，轉化成吃起來覺得最美味的味道，所以幾乎一年到頭都能販售。

若以一般邏輯思考，容易認定：「就算是便利商店，除了夏季的炎熱時期之外，『中華涼麵』應該都不暢銷吧？」但若進一步想：「除了盛夏，其他季節的中華涼麵真的都不好吃嗎？」透過進行批判性思考，破除固定概念，就能達到新的發想。

話雖如此，正因為「中華涼麵是夏季的食物」，所以我們容易陷入「只有在夏季才暢銷」這種固定的思考模式。

因此，推薦各位使用所有人都能打破自己思考模式的「**六頂思考帽**」（The six thinking hats）這種「點子發想法」。

使用「六頂思考帽」

誠如其名，這個思考法是戴上六種顏色的帽子，進行六種不同模式的思考。重點在於化身為他人思考，來自動打破自己的既有概念和思考模式。

①白【客觀性思考】基於數字、資料、能夠信賴的資訊思考。

②紅【直覺性思考】基於感情、感覺、直覺性的發想思考。

③黑【否定性思考】基於議題、風險、損失等思考。

④黃【肯定性思考】基於能夠評價的點、優點等思考。

⑤綠【創造性思考】基於創新的事、至今沒有的事物思考。

⑥藍【流程管理思考】環顧整體，基於實現性思考。

唯一的規則是，戴著各種顏色的帽子（實際上，拿著有顏色的卡片也可以）

時，只以該顏色規定的思考模式思考。

藉由這麼做，能夠思考平常自己不會思考到的事。

舉例來說：

想進一步增加日本酒銷售的酒類專賣店，可以用「該怎麼做才能讓年輕人和女性了解日本酒的魅力呢？」這個議題，使用「六頂思考帽」，產生點子……

①白【客觀性思考】基於數字、資料、能夠信賴的資訊思考。

・京都酒窖的日本酒出貨量三十年以來首度成長了。

・日本酒在國外受歡迎的程度提高了。

②紅【直覺性思考】基於感情、感覺、直覺性的發想思考。

・日本酒能傳達「接待」的心意。

・大吟釀等日本酒意外地順口。

③**黑【否定性思考】基於議題、風險、損失等思考。**

・年輕人越來越少喝酒，推廣上不容易。

・日本酒缺少青春活力的感覺。

④**黃【肯定性思考】基於能夠評價的點、優點等思考。**

・對於如今的年輕人和女性而言，日本酒反倒新鮮。

・日本酒具有美肌效果等優點，適量飲酒有益健康。

⑤**綠【創造性思考】基於創新的事、至今沒有的事物思考。**

・不妨試著以日本酒舉辦活動，聲援年輕人和女性也熱血沸騰的國際足球比賽。

⑥**藍【流程管理思考】環顧整體，基於實現性思考。**

・在各地區釀造邁向東京奧運、「聲援日本的日本酒」。

「六頂思考帽」的點子發想法，可以獨自進行，也可以由幾個人一面互換「不同顏色的帽子」，一面進行。

這會出現超乎自己想像、從沒想過的「思考」和「發想」，敬請務必試著運用在自己想思考的議題中。

之所以產生不了點子，是因爲「沒有使用邏輯思考」

前面本書介紹了幾種「點子發想法」，我想，各位已經了解批判性地發想（基於深度洞察發想），和人們常說的「偶然想到」的點子是略有不同。

說到點子的發想，大家很容易認為那是指「原本就腦筋靈活的人」或「創新的人」擅長的「靈光乍現」，一般人難以做到。

然而，人們原本就不會無中生有，突然湧現點子。

就連看似有創新點子、是發想天才的人，也不會在完全沒有議題為前提下（完全沒想到什麼問題），不輸入或觀察各種事實和資訊，就產生讓他人說「那個意見很好」的發想（輸出）。

雖然不是每個人都能意識到思考所自動形成的流程，但是想要產生某種發想，確實需要有某種「架構」來進行。

也就是說，**點子發想或「靈光乍現」並非偶然產生，事實上，它可說是透過非常邏輯性的構架＝邏輯思考所產生**。

從人的大腦架構或功能思考，點子發想其實也是非常有「邏輯性」地在進行。人的大腦皮質是過感覺系統，認知與學習來自外部的各種資訊和刺激，具有高度的「聯想功能」，透過大腦的神經網絡和聯想功能，人會想到各種點子。

我們所經歷的「靈光乍現」，是透過大腦具有的邏輯架構和運作，**參考過去的各種經驗和知識，加上從五感獲得的資訊等等，最後引導出點子**。

也就是說，人類的大腦原本就具備了「能夠邏輯性地發想點子」的架構，所以如果巧妙地設定（適當的問題）成為前提條件的課題主題，接下來只要依照「邏輯思考」方式來進行思考，就能發想出點子或「靈光乍現」。

這麼一想，任誰都能擅長產生點子。

發想越獨特，邏輯思考越能成爲強大的武器

日本的知名部落客——Chikirin，以其敏銳且獨特地切入世上各種問題的特點而廣受歡迎。各位或許也可能看過他一個月瀏覽量高達二百萬人次的部落格「Chikirin 日記」。

Chikirin 經常提出令人覺得「原來如此，真有你的」、一針見血且觀點「獨特」的問題，其內容不可思議地具有說服力，發人深省。

舉例來說：

二〇一四年一月一日在他的部落格入口網頁中，以「**昭告全國的孩子們：紅包應該立刻使用！**」（http://d.hatena.ne.jp/Chikirin/20140101）這個主題，提出「紅包好好存起來不合理」這個主張。

各位或許也有經驗，小時候在過年時拿到紅包之後，父母會說「好好存起來」，建議你不要使用。

「小孩子拿到錢馬上就會亂花」這個父母的邏輯，乍看之下是正確的。而且，說不定也有「孩子錢太多不好」這種邏輯觀。這些可說是過去的經驗，或者是以往教育所造成的「前提條件」。

對此，Chikirin 提出異議，挑戰了其前提條件所「認定」的事，讓「為何孩子應該馬上使用紅包」這個乍看「獨特的發想」具有說服力。

其實，Chikirin 這篇部落格文章有一個特色，除了這個紅包問題之外，是由**基於獨特的觀點和發想而產生的主張，非常邏輯性地表達出來**。

也就是說，它是以本書的主題「批判性地思考（透過深度洞察，擁有自己的想法）、邏輯性地發展（淺顯易懂地傳達）這種邏輯思考為基礎來寫，所以淺顯易懂，具有說服力。

【議題主題】

「孩子是否應該將紅包存起來？」

產生議題主題的背景

「無論哪個時代，紅包對於孩子而言，都是一大筆金額，如果領到之後馬上使用，就能獲得平常根本買不起的東西，是一筆『使用價值非常大的金額』。但若是依照父母的建議，將紅包『先存起來』，變成大人之後，就完全沒有『以紅包買了什麼』這種記憶。」（文字引用自Chikirin部落格）

【前提條件】

「貨幣價值的上升速度和本人賺錢能力的上升速度有落差。」

【深入探究】

「即使幾年後使用小時候存的五千日圓，也無法獲得太大的喜悅和感動。」

「假設小時候，領到了五千日圓。

對於孩子而言，五千日圓是根本無法自行賺到的大筆金額。當時，如果買了想要得不得了的東西，就會由衷感到『太棒了～!!!好開心!!!』。

但是幾年後，成為高中生，存下的五千日圓已不是那麼大筆的金額。

因為它變成了打工一天就能賺到的金額。或者，自己想要的東西也漲到了一定的價格，已經得不到在小學生時期使用時，能夠獲得的感動。」（文字引用自Chikirin部落格）

【結論行動】

「孩子領到紅包之後，不應該將這筆大錢存起來，而是就在當時使用。」

「而使人成長的（＝成為我們賺錢能力泉源的），不是存一萬日圓，而是『原來世上有這種事～!!!』這種年輕時從未知的領域所獲得的驚訝、震驚。

紅包這種東西，如果領到的孩子馬上使用它，價值就非常大，如果存起來放了幾年之後，就會淪為『補足生活費』這種程度的小錢。

如果理解這一點，回到孩提時代，應該就會明白『領到紅包之後，馬上使用方為上策』。」（文字引用自 Chikirin 部落格）

非但如此，Chikirin 還認為：「成為大人之後，對錢的思考也應該如此。」

最近，二十多歲、三十多歲這一代的人，也強烈地認為「『考慮到老後』，應該存錢」，但 Chikirin 拋出了「那真的會帶來價值嗎？」這個「議題主題」。

「二十多歲時，能夠以那幾萬日圓，一個月多喝幾次酒，或許能夠遇見影響人生的某個人，或者影響人生的某句話或某個機會。

使用那筆錢去看的活動、讀的書，或者外出旅行的地點，或許會遇見將你引導至下一個階段的『什麼』。

即使限制遊玩或交往，犧牲年輕時的寶貴時間，節省那少許金錢，到了四十多歲時，對你而言，那幾萬日圓（＋利息），或許變成了一筆小錢。

或者，如果你順利地成長，那筆金額應該微不足道，跟你在二十多歲時（為了存錢）而放棄的事物的價值不可同日而語。

你真的認為，存錢比因拓展自己的世界而花錢，是更好的用錢方式嗎？倘若如此，恐怕連你自己都不相信自己將來的價值。」（文字引用自Chikirin部落格）

光是小孩的紅包話題，就十分具有說服力，加上又進一步和「成為大人之後的用錢方式」連結，邏輯性地發展，便令人大為贊同這位部落格主的獨特發想，覺得他提出了非常實際的問題。

第 5 堂課

批判性思考＋邏輯思考，進行獨創性的跳躍

光憑邏輯性吃不開

犯錯是不好的，所以工作上不能有疏失。

假設有人這麼說，聽到的人應該不會回答說「那個意見很好」。那句話在邏輯上並沒有錯，但會令人想問：「So What?（所以呢？）」

以這個問題來說，我們能夠從中找出什麼樣的「課題主題」呢？對此，我們可以自己設定「課題主題」，然後按照以下三個步驟來進行思考——

Step 1 自行清楚地確認前提（是真的嗎？）

Step 2 深入探究、傳達根據（因為～，所以是這樣）

Step 3 擁有自己的深入意見（那個意見很好）

以這三個步驟進行「邏輯思考」，可以自己挖掘出課題。像這樣「批判性思考＋邏輯思考」，才能讓對方說出「那個意見很好」。

這種「批判性思考＋邏輯思考」的思考法，正是我一直反覆在說的真正的「邏輯思考」。

本書將**「批判性地思考（透過深度洞察，擁有自己的想法）、邏輯性地發展（淺顯易懂地傳達）」**做為邏輯思考的基礎來說明，有實際的理由。

在職場上，我們若只進行批判性思考、挖掘出「自己的想法、自己的課題主題」，往往會停止在「好的想法」，而無法繼續進展下去。使用邏輯性的發展，「正確地執行好的想法，獲得結果」，才會獲得好的評價。

有人常說「光是靠邏輯思考，在職場上是行不通」，那應該是指從「批判性思考」獲得課題主題就結束了。或者，雖然能說或能做「邏輯上正確的事」，但是或許無法以「批判性思考」，設定（察覺）自己的課題主題。我想，會說行不通的人，論點來自以上兩個原因的其中之一。

能夠運用在職場上、打動身邊的人、說「那個意見很好」的「邏輯思考」是指：批判性地思考，設定自己的課題主題，從中展開具體的行動，淺顯易懂且邏輯性地發展。

這是能夠確實運用的「邏輯思考」，也是本書向各位說明的邏輯性思考法。

舉例來說，**我們試著用「So What?（所以呢？）」**這個問題，深入挖掘「工作上不能有疏失」這個想法，打造自己的課題主題——

【課題主題】

「比起疏失本身，使疏失發生的環境是否更有問題呢？」

【前提條件】

「若是全面性地整理辦公室，疏失就會減少。」

【深入探究】

「確定辦公室內的顧客相關資料和促銷商品的位置，分門別類標上標籤，讓大家可以在辦公室一目了然，這樣能夠減少**80**％的疏失。」

【結論行動】

「個人管理的顧客相關資料和促銷商品，要與他人共有。」

不是光聚焦於疏失本身，而是進行批判性思考，發現「比起疏失本身，使疏失發生的環境是否更有問題呢？」這個問題，然後透過「邏輯思考」，採取能夠讓對方理解的行動，並且贊同，這很重要。

光是想到「好的想法」是不行的，而若只能做到眾人也在進行的「理所當然的正確工作方式」，就會跟大家沒兩樣。也就是說，學會「批判性思考＋邏輯思考」的人，在職場上會獲得更高的評價，無論在什麼狀況下都「吃得開」，還能夠提出好的想法。

鍛鍊「批判性思考＋邏輯思考」的筆記術

「邏輯思考」是如此重要，但是我學不會，也不是從事需要那種思考的顧問工作，所以遲遲沒有機會學會……

或許也有人這麼想著，但是「邏輯思考」並不是從事顧問工作的人才需要的技能。

舉例來說，假設有位客人在裝著白蘿蔔的箱子前猶豫著。仔細一看，客人的手上提著商店街魚板店的小袋子。這時，各位如果是蔬果店的老闆，會怎麼對客人說呢？

A：「太太，白蘿蔔正當季，很好吃唷！」

B：「太太，替您把白蘿蔔對切吧。」

就蔬果店老闆因應客人的方式而言，兩種說法在「邏輯上都是正確的」。因為想賣白蘿蔔，所以強調當季的白蘿蔔好吃是理所當然的，而將長長的白蘿蔔對切這種服務也很常見。

然而，看到魚板店的小袋子，或許能推測這位客人說不定在魚板店買了「關東煮」的材料，這一天餐桌上的菜色應該是關東煮。

接下來是「邏輯思考」。

【課題主題】

「該怎麼做才能讓眼前的客人買白蘿蔔呢？」

【前提條件】

「關東煮裡的白蘿蔔在冬季很暢銷。」

【深入探究】

「眼前的客人手上提著魚板店的小袋子。」

試著若無其事地向客人試探。

【結論行動】

「將白蘿蔔對切，賣半條給客人料理出足夠一家人吃的少量關東煮。」

「提議：『白蘿蔔和關東煮很搭，要不要買半條呢？』」

假如能夠從自己的「察覺」，進行批判性思考，提出讓對方說「這個意見很好」的建議，這就是做到了「邏輯思考」。

這位蔬果店老闆若沒有只強調當季白蘿蔔好吃，而是進行「邏輯思考」，想到「一條白蘿蔔對於煮給家人吃的關東煮來說，分量太多了」，於是提議「要不要買半條呢？」，讓客人購買白蘿蔔的機率便會提高。

其實，無論各位是學生，或者是從事任何職業，都能做到這種「邏輯思考」。舉例來說，在公司向上司提出下週要請年假的申請，上司沒給好臉色。儘管屬下有權請年假，但是也不想破壞和上司之間的關係以及職場的氣氛。這種時候，要試著「以邏輯思考進行回顧」。

例如，在講話時若是會順著情勢脫口而出的話，可以透過在筆記本上寫下來這個動作，察覺到「這裡在邏輯上不連貫」。

做法很簡單。先想想那天和對方見面時說的話，將「邏輯思考」套用於「為何對方沒有接收到我的想法？」、「為何ＯＫ？為何ＮＧ？」，試著把例子一一在筆記本上寫下來。

當然，一開始失敗多於成功是可以想見的。可是，不要事情過了就算，養成使用「邏輯思考」確認的習慣，一定能夠漸漸鍛鍊「批判性思考＋邏輯思考」。

【想回顧的問題】

「向上司提出下週要請年假的申請，上司說『有困難』。」

【前提條件】

「公司規定，請年假要在一週前提出申請。」

【深入探究】

「上司參與的企畫案發生了問題。」

「為了解決問題，需要人力。」

【結論行動】

（回顧）

・錯開這個期間申請比較好。

・或許先說願意協助解決問題會比較好一點。

・告訴上司「我要申請下週的年假，同時願意協助解決問題，假如問題沒有解決的話，就取消申請」也不錯。

爲何新創事業會慘敗？

最近，二十多歲、三十多歲的年輕上班族當中，有不少人一面在公司上班，一面跨越組織的框架，試圖和在社群網站上認識的夥伴，將嶄新的點子落實。但遺憾的是，大多只以點子告終。

此外，為何興沖沖地認為「這個可行」而展開的新創事業，屢屢慘敗呢？

我認為其主要原因之一，可能是因為「邏輯思考」不足。

點子非常棒。但是，沒有妥善傳達那個點子的價值。或者，雖然有了能夠支援製造新商品的企畫和資金，但是，遲遲沒有產生讓對方說「那個意見很好」的發想……

如同到目前為止各位已經了解的，這兩者若能妥善使用「邏輯思考」，就有可能解決問題。

一群人產生覺得「這個意見很好」的點子或發想時，思緒很難避免完全投注於「產生點子」上面，對於「如何克服實現那個點子的障礙」、「該怎麼傳達優點」、「是否能獲得成果」，容易變得思慮不周。

相反地，擁有製造商品的企畫或預算時，思緒容易偏向「該怎麼做才能早點成形」這種實現性，忽略了那個點子是否真的有價值。結果，任何一個案子都無法成為實際的事業。

以「邏輯思考」思考新計畫可能性的優點

- 能夠排除雖然容易獲得贊同、但是「老套」的方案。
- 減少明顯「太過輕率」的方案的風險。
- 能夠辨別雖然是當季的主題，但是「只有現在流行」，欠缺成長性的計畫。

・能夠修正雖然點子有意思、但是「無法成為事業」的計畫。

・和其他點子組合，能夠進一步提高「可實現性」。

打造讓自己的想法「順利進行」的腳本

假設能夠使用「邏輯思考」，提出了自己的意見或點子向眾人傳達，讓眾人同意「那個意見很好」。

然而，那並非終點。

因為在職場上，要能得到對方認同「那個意見很好」，執行這個意見或點子，獲得「結果」，才可以說是「進展順利」。

在此，有一點必須注意。**獲得眾人好評後，在將想法或點子付諸行動之際，是否以為已經有好評，就覺得會獲得「好結果」，而做著春秋大夢呢？**

即使好不容易讓眾人說「那個意見很好」，「結果」卻不如預期，或者沒有達到目標，發生意想不到的情況，而苦惱不已。這種可能性也可能發生。

或許也有「咦？可是結果要等做過才知道吧？」這種想法。確實如此，但如果進一步進行「邏輯思考」，在執行意見或點子的階段時，是能夠提高進展順利、獲得「成果」的機率。

分析腳本，預見「未來」

若是心想「凡事要等『做過才知道』」，任由事情演變的話，「進展順利時」或許還好，進展不順利時就慘了。

本書前面已講述了如何進行「邏輯思考」，如何設定課題主題，然後基於自己的深入思考，邏輯性地發展「想法」的方法。

也就是說，本書從各種角度說明了透過「邏輯思考」淺顯易懂地向對方傳達自己「接下來想做的」、說明自己的根據讓對方贊同的流程。

這代表如果使用「邏輯思考」，對於未來「實際執行那個意見或點子會如何」，就不必等做過才知道，而是在「基於根據，使對方同意的流程」之中即會顯現出來。

能夠「邏輯性地思考未來流程」的方法，可運用**「腳本分析」**這個工具。

「腳本分析」是指，針對接下來將要執行的事，**分別預測「進展順利時會怎樣的事」、「進展不順利時會怎樣」，事先打造「對策」，做為腳本**。

縱使是已獲得認同、讓眾人說「那個意見很好」的方案，有時候實際上一執行，卻會在意想不到的地方發生意外。有時候由於方案超乎想像地「進展順利」，反而發生不好的事（舉例來說，商品太過暢銷，供不應求而造成客訴等等）。

事先打造這種預測未來的腳本，模擬對策，無論變成哪種狀況，都能確實地解決問題並且獲得成果。

此外，透過腳本分析，可以讓人增加對提出意見或點子的人的「信賴感」。

在此舉個稍微久遠之前的例子。一九二九年，全球經濟大蕭條始於美國，此時，許多企業被迫重組，一般人或許不太知道，當時設立不久的麥肯錫由於企業重組，接受了合併和併購的腳本分析，後來以企業顧問公司之姿，獲得信賴而成長。

當時，說到企業的價值分析，都是以「過去如何」為主。麥肯錫對此進行的腳本分析，是將該企業未來會如何發展，而投資該企業的情況下，分析哪些風險可能產生？扣除風險之後能有多少收益？現在的實值價值比起投資金額，是獲利或損失？

也就是預測未來可能發生的事，其可能性的高低，並分析企業的價值。

說穿了，就是**將腳本分析做為「搭乘時光機，去看未來可能發生什麼事」這種工具使用**。

當然，使用「腳本分析」，無法百分百去除不確定因素，但儘管如此，採用腳本分析確實會跟完全不採用腳本分析的案例之間，產生莫大的差異。

試著進行腳本分析

舉例來說，針對「廢止例行會議，提升業務效率」這個方案，能如何進行腳本分析呢？

①最少打造兩種執行方案情況下的腳本

我們試著從進展順利的情況下，以及進展不順利的情況下來擬出腳本。我們在此僅分析兩種模式，但「腳本分析」一般至少會有四種模式。

A……進展順利的情況下

「自發性增加真正需要的會議，使業務活化起來。」

「業務不會因為會議而被中斷，工作的專注力增加。」

「不再需要為了會議而準備資料，業務更有效率。」

B……進展不順利的情況下

「共同分享的資訊減少，無法活用過去的案例和專業知識。」

「需要追蹤跟進的事情令人疲於奔命，顧客滿意度降低。」

「業務的進展方式七零八落，整體產能降低。」

②試著對可能發生的狀況想出對策

接著，可能發生的事思考該有什麼對策。

A……進展順利的情況下

「自發性增加真正需要的會議，使業務活化起來。」

↓打造能夠在自發性會議中提出共同的意見或點子的模式。

「業務不會因為會議而被中斷，工作的專注力增加。」

↓打造活用專注力、進行創新業務的時間。

「不再需要為了會議而準備資料，業務更有效率。」

↓把原本要印出的資料放在雲端上。

B……進展不順利的情況下

「共同分享的資訊減少，無法活用過去的案例和專業知識。」

↓針對獲得成果的專業知識等架構，進行表揚。

「需要追蹤跟進的事情令人疲於奔命，顧客滿意度降低。」

↓增加專門支援業務的人員。

「業務的進展方式七零八落，整體產能降低。」

↓確認最低限度的共通業務並加以追蹤。

③事先推測緊急程度和重要程度

將設想的對策套用於「緊急程度」和「重要程度」矩陣中，從「緊急且重要」的業務開始著手，或是著手準備（參閱下頁圖9）。

做此種腳本分析，能夠讓「廢止例行會議，提升業務效率」這個方案，更確實地獲得成果。

■圖9　緊急程度和重要程度的矩陣

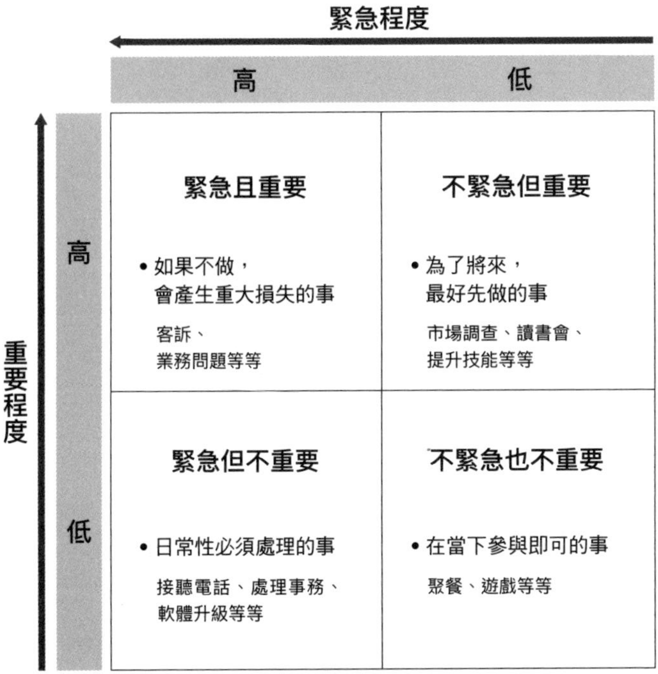
緊急程度
高
低
重要程度
高
低
緊急且重要
• 如果不做，
會產生重大損失的事
客訴、
業務問題等等
不緊急但重要
• 為了將來，
最好先做的事
市場調查、讀書會、
提升技能等等
緊急但不重要
• 日常性必須處理的事
接聽電話、處理事務、
軟體升級等等
不緊急也不重要
• 在當下參與即可的事
聚餐、遊戲等等

省下時間去做眞正該做的事

因為大家說這個重要，所以去做。因為大家說好，所以去做。

這是否就是各位的寫照呢？

這種狀況不能說是有經過批判性思考或者邏輯思考。其實，**「批判性思考」和「邏輯思考」，會使我們擺脫不做也無所謂的事，弄清「真正該做的是什麼」**。

我曾擔任某企業的顧問，當時的經營高層要求資深技術人員「多動一動自己的大腦，進行創新的發想」。

而經營高層認為，舉辦「促進創新發想的研習或許不錯」，希望資深技術人員思考是否舉辦研習活動，做為解決方案。

乍看之下，這麼做似乎很正確，但以這個企業的情況而言，應該先思考：「那些技術人員真的需要創新的發想嗎？」或者：「對於那些技術人員而言，創新的發想是什麼？」等等問題，才是比較重要。

在我們在深入瞭解後發現，該企業中，資深技術人員會在實踐年輕技術人員的點子時，發現點子的漏洞，並予以補強，或者發生新的課題時，運用過去累積的知識和經驗解決，並給予建議，這正是該企業核心的洞見與競爭力。而如何將這些洞見確實地傳授給年輕技術人員，才是該企業本質性的課題，該課題的解答也會維持該企業的優勢。

看來這家企業經營高層提出創新發想的要求，是由於其他企業引進了要求技術人員強化創新發想和行銷能力的研習，並因此受到刺激，也想在自家公司實施那種研習。由於身邊的人這麼做，便漫不經心地認為「自己也要跟進」，但這種想法並不是創新。

如同此案例所示，「批判性思考」和「邏輯思考」在想要發展某種新想法時，能夠幫助我們釐清：「那是否真的該做？」以及：「真正該做的事情是什麼？」

如今，無論在工作或個人生活中，我們都受到許多資訊包圍，覺得「別人在做的新鮮事」越來越多。正因如此，為了能夠有效地運用自己的時間，建議各位用「批判性思考＋邏輯思考」，先思考自己「真正該做的事是什麼」。

事先了解「邏輯思考」的漏洞

「邏輯思考」除了對職場有助益，對整個人生也能帶來莫大好處。

我在本書前言曾提到，我並不是天生擅長進行邏輯思考的人，而是會心想「這間咖啡店的氣氛很好，待在這裡的感覺很棒，如果在這裡開會的話，是否會進展順利？」，那種重視感覺的人。

而我之所能夠獨當一面創業，是因為我在麥肯錫，徹底學習到了「真正的邏輯思考」。

或許各位會覺得，「邏輯思考還有分真的和假的嗎？」有的邏輯思考雖然不能說是假的，但實際上會出現無法得出結果的狀況，或者令人懷疑：「真的是那樣嗎？」

這種假的邏輯思考，即是「為了邏輯思考而進行邏輯思考」這種模式。

亦即，無論思考什麼、執行什麼，都以「偽邏輯思考」進行思考。舉個極端的例子，當顧客怒氣沖沖傳來客訴郵件，此時，即使思考「真正的問題是什麼」在邏輯上是正解，但就因應顧客而言，「不是正解」。

這種時候，基本上無論如何，都要先道歉，然後真摯地請教事情經過。

除此之外，還有「遇到這個問題，這種解決方法才是正確的」這種邏輯思考的模式。

也就是說，「不管如何，只要發生A情形時，採取A因應之道即可」這種想法。乍看之下，會覺得這是有效率地處理，但欠缺了「這樣真的好嗎？」這種批判性思考。

若是確實學會「真正的邏輯思考」，批判性地思考當時的狀況，看清狀況之後，反而會出現「這個案件最好採取不同的因應之道」這種直覺。

總而言之，**「真正的邏輯思考」是透過養成邏輯思考的習慣，有意識地進行批**

判性思考，邏輯性地證明自己的「直覺」是敏銳而正確的。

但願各位看完本書之後，學會「批判性地思考（透過深度洞察，擁有自己的想法），邏輯性地發展（淺顯易懂地傳達）」的邏輯思考，活用自己的創新直覺以及發想。

課程之後

「因為在網路上評價很高，就以此案推動吧。」

假設各位在構思新的商品或服務，不知道該以A案或B案推動時，是否會忍不住參考消費者在網路上對於類似商品或服務的評價呢？

或者，我們在日常生活中，要決定想買的商品或想去的店家時，同樣也經常會參考網路上的評價吧。

我們確實會有「既然是網路上的資料，應該比較不會錯？」這種想法，但話說回來，「網路上的評價和資料，真的全部適用嗎？」這點相當令人懷疑。

說不定網路上只顯示了（或者刻意不顯示）某些屬性或性格（價值觀、興趣嗜好等個人特性）的族群所做的評價，這種情況並不罕見。

但如果完全將網路上的評價做為「前提條件」，然後決定行動，就不能說是有

「確實地思考」。

我總覺得當今世上大家都認為「有在排行榜上」、「有數據背書」或「所有人都相信那是解答」這些是正確的思考方向，但這樣是會使人的發想和行動變得狹隘。

各位是否也想到了什麼？心想「啊，這個或許不錯」，在自己這個想法浮現腦海的那一瞬間，明明心中非常雀躍，充滿積極的能量，但是上司、資深員工，或者朋友卻說「沒有參考數據，我覺得難以接受」，於是遭到否定，當下心情越來越萎靡……

這真是一件奇怪的事。

「邏輯思考」並不是為了否定對方，或者對行動踩剎車，而是為了在工作或日常生活中，讓對方更常贊同自己的意見。

意即「邏輯思考」會推動「這個或許不錯」這種發想或腦力激盪所帶來的行動。真正的「邏輯思考」應該是我們在工作或生活裡遇到困難時，會讓我們想到

「如果試著這樣想呢」，以此來拓展視野，進而產生「啊，原來還可以這樣想」！然後重新得到前進的力量。

但若從一開始就想著「按照既有資料來看，真的沒辦法」、「那麼做不會有成果」，以「偽邏輯」、事先準備好的答案，停止進行新的發想，或者阻止對方進行新的發想，未免可惜。

按照既有資料內容去做，不是「邏輯思考」。那些資料充其量只是該批判性觀察的對象。

能夠從既有資料中引導出自己獨特、令人感動的發想，才是「邏輯思考」的真正價值，以及有趣之處。

若本書能幫助各位將「這個挺有趣的吧？」這種「靈光乍現」或「直覺」成形與實現，我將感到無比欣喜。

大嶋祥譽

麥肯錫新人邏輯思考課

3 大思考步驟，鍛鍊出一生受用、解決問題能力超強的思考訓練課

（《麥肯錫新人邏輯思考 5 堂課》新修版）

マッキンゼー流 入社 1 年目ロジカルシンキングの教科書

作　　者 大嶋祥譽
譯　　者 張智淵
責任編輯 曾婉瑜
封面設計 張天薪
版面構成 賴姵伶

發行人 王榮文
出版發行 遠流出版事業股份有限公司
地　　址 104005 台北市中山區中山北路1段11號13樓
客服電話 02-2571-0297
傳　　真 02-2571-0197
著作權顧問 蕭雄淋律師

2024年10月1日 二版一刷
定價 新台幣300元（如有缺頁或破損，請寄回更換）

ISBN 978-626-361-836-7
遠流博識網 http://www.ylib.com
E-mail: ylib@ylib.com

國家圖書館出版品預行編目 (CIP) 資料

麥肯錫新人邏輯思考課 / 大嶋祥譽著 ; 張智淵譯 . -- 二版 . -- 臺北市 : 遠流出版事業股份有限公司 , 2024.10 面 ;　公分

譯自 : マッキンゼー流 入社 1 年目ロジカルシンキングの教科書

ISBN 978-626-361-836-7(平裝)
1.CST: 企業管理 2.CST: 思考

494.1　　113010315